Y AURA-T-IL ENQUÊTE?

L'AGRICULTURE SOUFFRE-T-ELLE ?

A QUI LA FAUTE ?

« L'agriculture et le commerce sont les
» deux mamelles de la France. »

(SULLY.)

« L'agriculture souffre. »

Discours impérial d'ouverture au Corps législatif, en 1866.

« L'amélioration des campagnes vaut
« mieux que la transformation des
« villes. »

Lettre impériale du 3 janvier 1866.

LAGNY

IMPRIMERIE DE A. VARIGAULT

1866

Y AURA-T-IL ENQUÊTE?

L'AGRICULTURE SOUFFRE-T-ELLE?

A QUI LA FAUTE?

« L'agriculture et le commerce sont les
« deux mamelles de la France. »
(Sully.)

« L'agriculture souffre. »
Discours impérial d'ouverture au Corps législatif, en 1866.

« L'amélioration des campagnes, vaut
« mieux que la transformation des
« villes. »
Lettre impériale du 3 janvier 1866.

LAGNY
IMPRIMERIE DE A. VARIGAULT

1866

Le caractère français est léger de sa nature : une trop longue persistance dans une idée le fatigue, l'ennuie presque. « Il y a si longtemps » qu'on en parle ! » Avec cette phrase, on peut enterrer les idées les plus généreuses, les plus fertiles. L'agriculture est bien près d'en faire la triste expérience. Elle souffre, elle est épuisée ; chacun de courir à elle, de la plaindre, de proposer un remède d'autant plus infaillible qu'il est plus retentissant, et blesse moins les intérêts de celui qui le préconise : agriculteur, manufacturier, économiste, administré ou fonctionnaire public, chacun répond à l'envi à ces paroles tombées du trône : « L'agriculture souffre. » Tous sont d'accord,... hormis sur le moyen curatif à employer. Une enquête est ordonnée, administrative, il est vrai ; mais c'est une enquête enfin, à laquelle sont conviés corps savants et hommes pratiques. « Il faut courir à l'enquête comme on court au feu », a-t-il été dit. Puis, tout à coup, après deux mois de discussions et d'écritures, souvent oiseuses, la lassitude commence, le silence se fait : l'esprit public passe à un autre sujet ; naguère encore les préoccupations étaient toutes d'intérieur : extension des libertés publiques, recherches sur les souffrances de l'agriculture : aujourd'hui, le vent a changé ; il souffle à l'extérieur et fait tourner de ce côté la girouette de l'opinion publique : il est à la guerre, ce qui est loin d'être un bon vent pour l'agriculture.

Faut-il donc, dès lors, imitant l'exemple de l'autruche, fermer les yeux pour ne pas voir les souffrances intérieures qui ne vont faire que grandir : faut-il donc reléguer l'enquête agricole parmi les vieux dossiers poudreux des préfectures ?

Nous devons presque le craindre, car le monde officiel après s'être mis à l'unisson dans ce concert de plaintes, commence à voir tout en beau ; qui donc apercevait des souffrances, naguère ? Aujourd'hui, tout est pour le mieux dans le meilleur des mondes possibles : l'agriculture est en pleine prospérité. La conclusion tacite est qu'il ne faut plus s'occuper de l'enquête, devenue inutile, et s'adresser à d'autres occupations plus nationales.

Ajoutons enfin, que le moment est bien choisi pour exécuter ce mouvement de conversion ; la récolte s'annonce comme devant être médiocre ; les symptômes superficiels qui accusent pour le vulgaire l'état de souffrance, vont donc disparaître, le bas prix des céréales se relèvera, les greniers se videront et se déferont de leur trop plein : tout va s'apaiser momentanément, mais la maladie est-elle guérie, parce que les symptômes se masquent un instant : les causes, c'est-à-dire les charges qui pèsent sur la production vont-elles donc diminuer? Bien au contraire, si nous nous livrons à la glorieuse distraction de la guerre.

Cette tendance à oublier les souffrances agricoles s'était déjà révélée dans la séance du Corps législatif du 12 avril 1866 : devant certaines dénégations optimistes qui niaient tout état de marasme, M. Pouyer-Quertier, interrompu dans son discours, fut obligé de dire... « L'Empereur lui-» même a déclaré que l'agriculture souffrait; or qui souffre n'est pas bien » portant. » Aujourd'hui, ce qui est plus grave, messieurs les Préfets, dans les présidences des comices agricoles, dépeignent sous les couleurs les plus riantes la situation présente, rejetant sur les esprits ambitieux ou hostiles, exploiteurs habiles, ces idées de malaise; griefs imaginaires qu'on a prêtés à l'agriculture. Nous renvoyons nos lecteurs au curieux discours qui, entouré de toutes les pompes et applaudissements officiels, vient d'être prononcé, le 3 juin 1866, au comice agricole de Châteauroux, par M. le Préfet d'Indre-et-Loire. En voici un résumé dans lequel nous ne changeons pas un mot : « On ne parle plus de l'industrie, mais par une » surprenante évolution, ce sont les agriculteurs français que l'on nous » représente en ce moment comme hors d'état de lutter avec l'étranger : » l'agriculture française se meurt, nous dit-on... peu s'en faut qu'on » n'ajoute : elle est morte... tout, au contraire, indique une industrie qui, » *loin de péricliter*, marche au contraire dans la voie du progrès... Mal-» heureusement, comme toutes les puissances, l'agriculture a ses *flat-» teurs* et ses *parasites* : à peine avait-elle formulé ses plaintes qu'elles » ont été recueillies, *amplifiées*, et je ne crains pas de le dire, *exploitées* » par un grand nombre d'écrivains et d'auteurs... Les uns, et ce sont heu-» reusement les plus nombreux, n'ont cédé qu'à un *désir de popularité*... » Après ces champions, sont venus quelques industriels qui ne peuvent » se résigner à la réduction des tarifs protecteurs... Enfin, on a vu entrer » dans la lice des hommes d'opposition politique, pour qui toutes les ar-» mes sont bonnes... Ainsi on a plaint l'agriculture pour lui complaire, on » l'a flattée dans un intérêt industriel, on s'est efforcé enfin de l'irriter, en » lui faisant croire à des *griefs imaginaires* de la part du gouvernement. » Toutes ces *habiletés* sont restées vaines. » Voilà qui est clair : l'agriculture ne périclite pas; elle a ses flatteurs, ses parasites; pas un n'est de bonne foi, ne croit sincèrement aux souffrances actuelles, et s'ils en parlent, c'est par désir de popularité ou d'hostilité : ils inventent des griefs imaginaires et recourent à des habiletés heureusement impuissantes. Des habiletés! voilà comment sont jugées officiellement les réclamations les plus modérées, comme les plus convaincues. Veut-on, du reste, connaître la preuve irrécusable de cette prospérité, et des faveurs et protections gouvernementales, la voici fournie encore par ce même discours, modèle en ce genre : « Le gouvernement de l'Empereur n'assure-t-il pas aux agri- » culteurs, l'ordre, la sécurité, la paix?... Ne venons-nous pas de voir » l'éminent ministre, oublier sa fatigue, et braver les injures d'un temps » affreux, pour visiter notre concours ! » Non, jamais preuve plus irrécusable n'a été officiellement fournie. Cette preuve peut être concluante; quant à nous, nous la trouvons simplement gaie. Inutile d'ajouter que ce discours, nous dit *le Constitutionnel,* moniteur officieux de tout ce qui est officiel, a provoqué des acclamations qui n'ont pu s'apaiser facilement. Citerons-nous encore le discours agréable prononcé au concours de Saint-Lô par M. Havin, directeur satisfait du *Siècle,* lorsqu'assis à côté de Mgr l'évêque de Coutance, il assurait à M. le préfet qu'on exagérait les souffrances de l'agriculture. Rappelons-nous enfin l'émotion générale éclatant à Toulouse devant la discussion imposée à M. Amilhau, maire patronné et non opposant, pour avoir réclamé de l'Empereur... « qu'il » prêtât une oreille attentive aux cris de l'agriculture du Midi, en ce » moment expirante. » Une rétractation ou une démission, telle fut la réponse officielle. Les exemples, on le voit, ne nous manquent malheureusement pas, et nous les prenons dans les œuvres écloses depuis huit jours seulement. Avions-nous donc tort de signaler un changement dans les idées officielles, comme dans le langage des personnages chargés de diriger l'enquête elle-même?

Au moment donc où l'on comptait le plus s'occuper de l'enquête, en présence des effets présumés d'une récolte moyenne; en présence des idées belliqueuses du moment; en présence surtout de l'esprit public lui-même, trop surexcité un instant, peut-être, sur les souffrances agricoles, et arrivé à un état de réaction toujours dangereux, oubliant aujourd'hui ce qui l'avait émotionné hier, suivi ou précédé sur cette voie regrettable, nous ne savons lequel, par l'esprit gouvernemental lui-même, trop occupé au dehors pour s'appesantir sur un état intérieur laissé dans l'ombre; l'enquête agricole, semblable à ces nuages menaçants qui tout à coup disparaissent dans le ciel, est sur le point de s'évaporer et de rentrer dans le néant...

C'est contre ces idées dangereuses, contre cet assoupissement plus dangereux encore que nous nous élevons de toute notre force : rejetons loin de nous ce mirage séduisant mais trompeur de bonne santé, fût-elle affirmée par le langage doré du monde officiel! Écartons résolûment les voiles élégants qui dissimulent la plaie : pensons à l'enquête, réclamons-la si elle reste oubliée; et tous, tant que nous sommes, agronomes, cultivateurs, fermiers ou propriétaires, attachés à notre sol,... « courons à l'en- » quête comme on court au feu. »

Nous ne savons dans quelle catégorie M. le Préfet de l'Indre nous rangera : parmi les ambitieux, les flatteurs, les industriels mécontents ou les politiques de mauvaise foi; il nous importe peu; ce que nous savons, et ce que nous disons bien haut, c'est que ce n'est qu'après une longue méditation, de patientes recherches, et avec une conviction profonde, que nous avons écrit les pages suivantes.

Qu'il nous soit donc permis d'adresser cet appel, précisément en dehors de toute passion politique ou sociale du moment, à tous les hommes pratiques, avant même les théoriciens; aux agriculteurs des campagnes et non aux agronomes des villes : vivant depuis notre enfance au milieu des cultures de Seine-et-Oise et de Seine-et-Marne, y ayant participé à une exploitation rurale, dont tous les chiffres sont encore sous nos yeux; en dirigeant une autre depuis quinze ans, à titre d'essai et de comparaison en Hollande, étant enfin en rapport avec des exploitations du Saint-Quentinois et du Soissonnais, nous croyons pouvoir, tant par notre propre expérience, que par celles d'hommes distingués qui ont bien voulu corroborer nos recherches particulières, répondre à l'appel adressé hier encore à l'agriculture française, lutter contre les tendances actuelles et l'oubli dans lequel on cherche aujourd'hui à reléguer toutes ces graves questions, et faire une enquête restreinte essentiellement pratique, en dehors des chiffres de statistique, dont nous nous méfions, parce qu'ils disent généralement ce qu'on veut bien leur faire dire. Nous nous sommes donc adressé aux cultures de la Brie, de la Picardie et du Soissonnais, régions essentiellement productrices de froment et de betteraves, ces deux bases de toute exploitation agricole, trouvant dans la capitale leur débouché naturel.

La moyenne de nos chiffres a été prise à ces deux sources.

Ainsi donc l'agriculture souffre-t-elle réellement? A qui doit incomber la faute de cette souffrance? Quels remèdes utiles et pratiques faut-il employer? Telles sont les questions que nous nous sommes proposé d'examiner.

Gournay, 6 juin 1866.

GUSTAVE NAST.

L'AGRICULTURE SOUFFRE. A QUI LA FAUTE?

Les souffrances de l'agriculture sont, il nous semble, suffisamment attestées depuis plusieurs mois, officiellement par le discours impérial et par les longues discussions du Sénat et du Corps législatif, pratiquement par l'état dans lequel se trouve la culture, et il serait inutile, puéril même, malgré l'éloquence des récents discours optimistes, d'en fournir des preuves surabondantes : cherté de production, absence de main-d'œuvre comme de capitaux, bas prix des produits : voilà des vérités vraies : cette souffrance existe; voilà un fait malheureusement hors de doute pour qui veut regarder ou même simplement voir.

A qui maintenant doit en incomber la responsabilité? Ne fait-on pas fausse route sur ce point? La maladie elle-même, tous sont, ou plutôt étaient d'accord pour la signaler; mais pour en indiquer la cause, oh! c'est autre chose : chacun alors, se plaçant à son point de vue, cherche à dégager sa responsabilité, son intérêt, ne regarde que son voisin, et rejette sur lui la faute. Chacun trouve alors son spécifique unique. Est-il politique gouvernemental, la loi suprême qui doit ramener la richesse, consiste dans le libre échange et dans le développement incalculable et inexplicable de l'exportation : surtout qu'on ne touche à aucun impôt dont il ne faut pas parler. Y a-t-il abus de céréales, le moyen consiste à produire, non des céréales, mais de la viande, ou autre chose; que messieurs les agriculteurs s'arrangent et se retournent promptement. Est-il politique moins dévoué, les charges sont trop lourdes, les impôts mal répartis et trop écrasants. Est-il protectionniste, un droit protecteur, voire même prohibitif, sur les blés étrangers, et le rétablissement de l'échelle mobile, sont les seuls et uniques remèdes. Est-il cultivateur, c'est au taux exagéré des loyers, comme aux priviléges du propriétaire qu'il faut s'attaquer; on rêve alors des lois de maximum sur le prix de location, de minimum sur leur durée, ou des conditions impossibles de reprise de matériel (1). Est-il propriétaire, au contraire, c'est au cultivateur qu'il s'adresse pour lui prouver que, s'il souffre, ce doit être par sa faute unique et sa négligence. Est-il agronome, économiste, il attribuera toutes ces souffrances à ce que, au milieu du renchérissement considérable de tous les agents de production, l'absence de capitaux comme de bras suffisants empêche l'agriculteur de forcer la production, de diminuer ainsi en détail, tout en augmentant en bloc, les frais généraux et les prix de revient.

(1) *Echo Agricole* du 30 décembre 1865.

Eh bien ! en écoutant toutes ces réclamations qui se sont produites depuis cinq mois à la tribune, dans les journaux comme dans les brochures de toutes sortes, il est évident que l'un peut avoir en partie raison, et que l'autre n'a pas tout à fait tort ; en un mot, c'est à des causes multiples qu'est dû l'état de souffrance dont se plaint à juste titre l'agriculture, et c'est restreindre le cadre que d'assigner à cet état une cause unique, à laquelle on impose comme remède un spécifique unique.

De nos recherches consciencieuses il résulte pour nous la conviction que si l'agriculture souffre, chacun y a sa part, fort inégale, il est vrai, de responsabilité, et qu'il faut s'en prendre tout à la fois :

Au propriétaire de biens ruraux.

Au cultivateur de ces mêmes biens.

Aux municipalités, dont Paris est le type.

A l'État, enfin, directeur et régulateur de toutes choses. C'est ce que nous allons démontrer dans quatre chapitres distincts que nous nous efforcerons de rendre aussi courts que possible.

CHAPITRE PREMIER

PROPRIÉTAIRE.

Certains propriétaires ont une part de responsabilité soit au début de la location, soit lors de la mise en possession, soit pendant la jouissance du cultivateur, soit enfin à l'expiration de cette jouissance.

Location.—Au début se présentent les clauses de location et le prix de redevance : si le domaine est vacant, la loi de l'offre et de la demande et le taux des exploitations voisines fixent ce prix, qui a sa valeur vénale comme toute autre marchandise : en principe, le prix quelconque d'une location (minime partie, en comparaison des frais généraux et des impôts réunis) est insignifiant, si la terre est bonne ; si elle est mauvaise, il est toujours trop élevé quelque bas qu'il soit, car engrais et main d'œuvre peuvent à peine être couverts par les produits.

Or, pour les locations agricoles, les prix sont loin d'avoir suivi la hausse générale : tandis que les locations urbaines ont, depuis quinze ans, triplé de valeur, tandis que la main d'œuvre a doublé, les bien ruraux ont à peine augmenté de 1/5 : à l'époque même où nous sommes, les souffrances rejaillisent sur les locations, et loin d'y avoir augmentation, en prenant, non pas la valeur d'un domaine resté au-dessous du cours, mais la moyenne des terres d'un canton, il y a découragement chez l'agriculteur, et baisse des offres de sa part. Nous n'avons donc rien à dire de ce chef, lorsque l'exploitation est vacante.

Mais où il y a à critiquer, c'est en cas de renouvellement, lorsque le propriétaire, sachant que le cultivateur ne peut abandonner qu'avec pertes une exploitation rajeunie et revivifiée au prix de grands sacrifices, veut profiter de cette position, non-seulement pour réclamer la valeur commune à toutes les exploitations voisines, ce qui est son droit, mais encore une forte plus-value provenant des sacrifices mêmes du cultivateur. Là, il y a une exigence qui grève l'avenir d'une charge déjà lourde et que tout propriétaire équitable doit éviter.

Durée du bail. — A toute entrée en jouissance, il y a des dépenses nombreuses à faire : les quatre à cinq premières années se passent souvent sans profit, les deux premières presque toujours avec perte. Si la durée de la jouissance est courte, le cultivateur n'aura pas le temps de se récupérer de ses sacrifices ; il ne les fera donc pas ; conséquences : terre mal défoncée, mal cultivée, produits médiocres ; si, au contraire, il a devant lui un long bail, il n'aura pas les mêmes craintes ; conséquences : terre bien préparée, culture intensive, produits satisfaisants.

Il dépend donc du propriétaire, par la plus ou moins longue durée d'un bail, de forcer le cultivateur à faire une bonne ou une mauvaise culture.

Les baux furent longtemps de neuf années de durée, l'hectare se louait 25 fr. et le cultivateur se ruinait ; puis, le progrès croissant, la limite fut portée à douze puis à quinze ans ; et aujourd'hui il est reconnu qu'un bail doit avoir une durée minima de dix-huit ans, et qu'il est convenable d'établir dans la redevance une échelle de proportion minime pendant les premières années, plus élevée dans les dernières. Vouloir établir une loi de *minimum* de trente ans, comme l'article de l'*Écho agricole* du 30 décembre 1865 le proposait, c'est, selon nous, tout en tombant dans l'exagération, ne tenir aucun compte de la liberté des transactions.

En présence des données modernes de la science, avec l'outillage compliqué que doit posséder toute exploitation ayant à lutter avec avantage ; en présence des frais généraux considérables, tout propriétaire qui limite au-dessous de dix-huit ans la jouissance d'exploitation, restreint, arrête même les forces de production, et ouvre la porte à toutes les chances de pertes.

Voyons maintenant la mise en possession.

Mise en possession. — Quand on loue un instrument, une charrue, par exemple, l'instrument doit être mis entre les mains du preneur en parfait état de travail, avec toutes facilités d'en user et d'en jouir complétement.

En est-il de même d'une exploitation rurale ? le plus souvent, non. La mise en possession d'abord, puis la liberté de jouissance laissent à désirer.

En effet, la malheureuse coutume de notre pays veut que, lorsqu'un bail arrive à terme, malgré toutes les clauses les plus rigoureuses, le cultivateur vivant les dernières années sur les frais faits lors de son entrée en jouissance, livre à son successeur une terre épuisée : c'est son droit naturel, s'il l'a reçue telle, car il ne peut livrer légalement une chose meilleure qu'il ne l'a reçue.

S'il l'a reçue en bon état, il doit la rendre de même ; mais l'espace de quinze à dix-huit ans qui sépare les deux baux a rendu des améliorations ou changements nécessaires.

Le nouveau preneur se trouve donc en présence de deux nécessités : de faire à ses frais les améliorations de culture nécessaires, et de réclamer du propriétaire ou sur son refus, de faire encore à ses frais les changements et améliorations de bâtisse : de là une mise de fonds considérable qui, comme capital et amortissement, viendra peser, avant toute récolte, dans le plateau des pertes, et grèvera la culture d'un déficit important.

Le devoir bien entendu de tout propriétaire est donc d'éviter au cultivateur entrant cette cause de perte.

1° En faisant par lui-même tout travail de restauration ; 2° en se regardant comme le banquier naturel du cultivateur, et se substituant aux rôle des compagnies, soi-disant de crédit agricole ; en se présentant, en un mot comme bailleur de fonds pour toute construction utile moyennant intérêt et amortissement, comme les institutions de crédit.

Ce serait là un des plus grands services rendus à l'agriculture, sans aucune hypothèque et sans aucun frais de la part de l'emprunteur ; sans risques de la part du prêteur qui exécuterait la dépense sur son propre fonds : genre de crédit basé le plus souvent sur l'intelligence et le travail, valeurs qui malheureusement n'entrent pas en ligne de compte, comme hypothèques, auprès des puissantes compagnies de crédit.

Tout propriétaire qui, de ce premier chef, refuse une pareille dépense, si ses épargnes lui permettent de la faire, ne met pas entre les mains du cultivateur l'instrument complet de travail : il est donc cause, par cela même, d'une partie du déficit.

Liberté de jouissance. — La jouissance paisible accordée en théorie manque le plus souvent en pratique, soit par une plantation d'arbres mal entendue, soit par une réserve de chasse.

Arbres. — Une des causes de pertes les plus incontestables, pour les productions de céréales ou de légumineuses, ce sont ces rangées d'arbres voraces, serrés tronc contre tronc, entourant chaque pièce de culture, s'emparant par leurs racines des sucs nutritifs, s'opposant par leur feuillage à l'influence du soleil, causes nombreuses de déperdition pour une récolte. La présence d'arbres est nécessaire, nous le verrons plus loin, car ce sont les pays dépourvus de végétation forestière qui sont toujours éprouvés par les grêles ou les trombes ; mais si la présence des arbres est nécessaire, l'abus est aussi désastreux par son action continue.

Il faut donc que tout propriétaire, limitant ce droit de plantation, s'abstienne de planter le long des ruisseaux, rus, fossés, limites voisines, chemins de halage, chemins de culture, et qu'en présence seulement de l'État, du département ou des communes, qui, à son défaut, se substitueraient à lui, il ne plante les chemins publics, que d'arbres espacés entre eux de dix mètres au minimum, laissant circuler air et soleil ; limite même qui devrait être imposée à toutes les plantations communales.

Toute plantation excessive ou mal raisonnée prive le cultivateur d'une partie de sa jouissance, et lui impose absorption d'engrais et privation de récolte : la responsabilité en incombe directement au propriétaire.

Chasse. — Une autre cause importante de pertes, c'est la propagation du lapin favorisée directement par le propriétaire. Nous ne parlons pas de la perdrix, ce n'est jamais elle qui ruine une récolte, pas plus du faisan, animal de luxe plus rare encore que la perdrix ; pas même du lièvre, vivant en petit nombre et à ciel découvert dans une plaine, si l'on n'en développe pas artificiellement le nombre, ce ne seront pas eux qui ruineront une culture ; quelques jours de chasse au fusil en auront bientôt raison : la protection, du reste, de tous ces animaux est ordonnée par une loi, il faut donc en supporter la production limitée ; mais dès qu'elle est favorisée au point de faire d'une plaine une véritable réserve de gibier, destinée à faire de brillantes et tapageuses ouvertures pour les princes modernes de l'industrie et de la finance, nous entrons dans la distinction du gibier incompatible avec la culture ; gibier dont le lapin est le type.

Le lapin, en effet, par sa prodigieuse fécondité, son habitation souterraine, sa prestesse, résiste facilement à toute destruction ; le fusil n'est qu'un remède incomplet contre lui ; et pour peu que son existence soit encouragée, aucun propriétaire ne pourra le nier, il n'y a plus de culture possible ; tandis que perdrix et faisans picorent à droite et gauche, dans la récolte, tout ce qui est tombé à terre, et par conséquent perdu, le lapin coupe tout végétal qu'il rencontre ; puis passe à un autre sans toucher à la partie qui est tombée, faisant ainsi plus de tort en un jour que vingt autres animaux réunis.

Autoriser la jouissance d'exploitation, puis, les terres emblavées, permettre et encourager l'existence d'une pareille vermine, c'est, nous le répétons, annuler une partie de cette jouissance, et grever d'une nouvelle et importante perte la production agricole.

Tout propriétaire doit donc, s'il regarde la jouissance d'une exploitation agricole comme un droit sérieux :

1° S'abstenir de toute propagation abondante de lièvres et de chevreuils ;

2° Éviter la tolérance même de la propagation naturelle du lapin ;

3° Le détruire, s'il existe à l'état naturel, non-seulement au fusil, ce qui est insuffisant, mais encore au furet et à la bourse ;

4° Transmettre au cultivateur ce droit complet de destruction du lapin dans les remises, rus et fossés du domaine (1). Si, alors, cette race mau-

(1) Il est admis généralement que le droit seigneurial, avant 1789, était intraitable sur e droit de chasse. Voilà pourtant la clause que nous avons trouvée dans deux contrats sei-

dite de la culture trouve encore moyen d'exister, ce sera en trop minime quantité pour nuire et elle rentrera dans la série des ramiers, sangliers et autres animaux nuisibles qu'il n'est pas donné à l'homme de faire complétement disparaître.

Fin du bail. — Lorsqu'au commencement du bail, le propriétaire se sera déchargé sur le cultivateur de tous changements ou améliorations, contrairement à ce qu'il aurait dû faire, selon nous, à titre de prêteur foncier; il serait de toute justice que le propriétaire tînt compte au cultivateur des améliorations utiles qui donnent encore un chiffre de plus-value à l'exploitation.

Parmi toutes ces améliorations, il faut distinguer, selon nous, entre celles immobilières et continues, aussi utiles à Paul qu'à Jacques, et celles de pure convenance ou même réellement utiles, mais dont le cultivateur a tiré tout le profit qu'il pouvait en tirer et qu'il ne pouvait se dispenser de faire pour sa propre culture. Dans les premières nous rangeons, par exemple, les empierrements de chemins d'exploitation, les constructions de hangards à récolte, hangards à fumier, fosses à purin, fosses à eaux vaseuses, batteuses mécaniques, travaux d'irrigation, barrages, conduites, ponceaux, etc..... Quant au drainage, nous sommes plus timides pour nous prononcer : un drainage incomplet, ou à pente mal étudiée est un travail nul; et serait-il bien exécuté, nous ne sommes pas bien sûrs de la durée : Nous ne sommes pas certains, en effet que des drains, dans certains terrains argilo-silico-calcaires ne soient pas complétement obstrués au bout de douze, quinze et surtout dix-huit ans, durée d'un bail, par les dépôts de chaux, et rendus par conséquent inutiles : Nous en avons vu, pour notre compte, de complétement oblitérés en quelques années; nous avons vu, de même des drainages fournir abondamment de l'eau les deux premières années, être moins abondants les deux autres et tarir complètement dès la cinquième année. La terre se dessèche, dit-on et s'aère; c'est possible, mais pourquoi dans la même pièce un drainage formé de pierrées profondes donnait-il, hiver comme été, depuis 1810 une source abondante, intarissable, et pourquoi, depuis que le drainage en poterie est venu se juxtaposer à lui, et le couper, la source est-elle tarie, et l'écoulement des drains nuls? N'y a-t-il pas là une cause d'oblitération qui n'est pas assez étudiée On a établi beaucoup de drains depuis plusieurs années; combien en a-t-on déterré?

Dans la seconde classe d'améliorations, nous classons les fumures, les labours profonds, le marnage, etc., travaux qui, tout en améliorant les terres, ont déjà porté tous leurs fruits, faisant partie inhérante d'un

gneuriaux, l'un de 1772, l'autre remontant à 1759 : « Si par suite, il s'engendre des lapins dans les remises qui sont dans l'étendue de ladite ferme, ledit preneur aura la liberté de fureter et de détruire le lapin... » Nos modernes bourgeois, propriétaires, seraient-ils sur ce point plus intraitables que la noblesse de l'ancien temps?

bon mode de culture; enfin les modifications d'habitation ou d'exploitation personnelles, de pure convenance.

Qu'une loi vienne donc, suivant ces données, aiguillonner un peu le propriétaire en le forçant directement à restituer ce dont il profite; indirectement, à se charger de ces travaux moyennant intérêt, nous croyons qu'il y aurait là équité; mais aller plus loin, et vouloir qu'une loi décharge le cultivateur de toutes les améliorations quelconques, adjuge même au propriétaire tout le vieux matériel et l'attirail d'exploitation hors d'usage et inutile au cultivateur sortant (1), quand le cultivateur entrant est lui-même suffisamment outillé, c'est tomber dans un autre extrême qui répugne à l'équité.

Ne citons ici, enfin, que pour mémoire l'absentéisme, et l'abandon de la gestion faite par le propriétaire entre des mains étrangères : l'une s'oppose à la dépense des revenus dans la localité qui les produit; l'autre, tout en rendant les améliorations difficiles, rend encore les clauses du contrat plus strictes et les charges plus lourdes. Le caractère paternel, comme la responsabilité, disparaît. Ce double résultat, bien que regrettable, ne dépend pas le plus souvent de la volonté, du pouvoir même du propriétaire trop éloigné ou trop occupé.

En résumé, sur ce premier chapitre, il faut reconnaître que si l'agriculture souffre, une part de responsabilité incombe à tout propriétaire qui, par un taux de location non en rapport avec le canton, par un bail trop court, par une restriction de jouissance, résultant de plantations désordonnées, de propagation irréfléchie et injuste de gibier et surtout de lapin, augmente les frais généraux et diminue la production, le rendement.

Une part encore de cette responsabilité incombe au propriétaire qui, lors de la mise en possession, oubliant qu'il est le véritable et naturel bailleur de fonds du cultivateur, refuse de faire les avances pour améliorations, et, laissant le cultivateur, par l'exécution des travaux, se grever d'un emprunt et d'un amortissement qui pèse, pendant toute la durée du bail sur toutes les productions, prétend encore conserver, sans indemnité les réelles améliorations.

CHAPITRE II

AGRICULTEUR.

Le type d'agriculture auquel nous rapportons tous nos calculs est une exploitation de 200 hectares de terre moyenne qualité, dont la location

(1) Voir sur ce point, le numéro de l'*Echo agricole* du 30 décembre 1865, déjà cité.

s'élève à 60 fr. l'hectare ; grâce en effet à la consommation en famille de la plus grande partie des céréales ; grâce à cette culture *maraîchère* de jardinage qui utilise et ne laisse improductive aucune partie du sol, si petite qu'elle soit, la petite culture souffre peu. Il ne s'agit que de la grande culture manufacturière de produits agricoles. Celle-là souffre : a-t-elle des reproches à se faire ?

Si, tout d'abord, l'agriculteur ne fait produire au sol tout ce qu'il peut produire, c'est une faute grave. Voyons donc si les moyens employés répondent au but.

Capitaux. — Et d'abord les capitaux et fonds de roulement pour une exploitation de 200 hectares doivent monter à un minimum de 120,000 fr. Combien y a-t-il pourtant de cultivateurs, ayant à leur disposition ce capital important, qui jugent d'une intelligente économie de n'en employer que 1/2 ou 2/3, réservant le surplus à d'autres placements ? On économise alors sur le nombre de chevaux de 24 ou de 20, nombre nécessaire, on le réduit à 15, à 12 même : on économise sur les engrais produits en quantité insuffisante, faute de bestiaux ; on regarde à en acheter, on économise sur les labours, sur les bataillages, sur les façons, laissant aux herbes parasites le soin de consommer, avant toute récolte, les deux tiers des forces vives des engrais déjà desséchés faute d'enfouissement suffisant : bref, on fait une détestable culture d'économie, la seule que nos pères connaissaient : le produit se traduit, malgré des frais encore considérables, en 12 ou 15 hectolitres à l'hectare, au lieu d'une moyenne de 25.

Si l'on n'a pas les capitaux suffisants, pourquoi se livrer alors pieds et poings liés, dans une lutte difficile pour laquelle on doit avoir besoin de toutes ses forces ? Une exploitation agricole n'est pas autre chose qu'une vaste usine de substances alimentaires et textiles ; il faut autant d'intelligence, autant de science chimique, et plus de surveillance personnelle que dans toute autre manufacture. Irait-on prendre et diriger une filature, ou une forge sans capitaux et fonds de roulement suffisants ? Pourquoi faire cette injure à l'agriculture, et agir autrement lorsqu'il s'agit de produire des laines, des céréales ou de la viande ?

Capitaux insuffisants, voilà, nous le répétons, une première faute, qui par le faible rendement obtenu, grève chaque produit d'une main-d'œuvre trop élevée.

Main-d'œuvre. — Nous arrivons, ici, à la différence essentielle de la grande et de la petite culture. Tandis que cette dernière fait tout à main d'homme, même le fouillage à la bêche, travail parfait mais long et coûteux qu'un homme ne pourrait exécuter qu'en vingt-cinq jours pour un hectare, au prix de 100 fr., la grande culture exécute le même travail en deux jours environ au prix de 40 fr. ; l'homme est conservé comme force dirigeante, la machine lui est substituée comme force agissante ; il en résulte économie d'argent et de temps ; possibilité enfin de mettre en exploitation des terres que tous les bras réunis de la France ne parviendraient pas à cultiver. Or la grande culture a-t-elle dit son dernier mot, quant à la substitution des forces mécaniques aux forces de l'homme qui, partout font défaut, et, tout en perdant chaque jour comme activité, se paient néanmoins moitié en sus de ce qu'elles coûtaient il y a quinze ans (1) ? Nous ne le pensons pas, et nous allons expliquer sommairement pourquoi.

Charrues. — La première façon à donner à la terre c'est le labour à la charrue : Parmi les charrues de formes aussi variées, la charrue dite de Brie, en bois, tout en ayant des avantages dans les terrains glaiseux, tout en ayant des qualités que nous ne voulons pas décrier, dans la plupart des terrains faciles de sables ou d'alluvion, présente des inconvénients graves, et voici lesquels :

Il lui faut un conducteur habile, fort et toujours en action.

Elle demande un supplément de temps précieux pour aller reprendre le sillon opposé.

Elle bourre par la direction élevée de ses oreilles et demande par conséquent un supplément de traction de chevaux.

Elle ne recouvre qu'imparfaitement les engrais, et laisse la terre retournée plutôt dans une position verticale qu'horizontale, facilitant par là la reprise des herbes parasites. Le double brabant réversif, instrument presqu'inconnu, il y a vingt ans, dans le Nord, y est employé aujourd'hui dans le moindre village à l'exclusion de tout autre, et n'a aucun des inconvénients de la charrue de Brie ; économie de temps, économie de forces, direction de la main de l'homme complètement inutile, remplacée par la directrice en fer, en somme travail parfait. Toutes ces qualités ne l'ont fait pénétrer que partiellement dans la Brie, si même un cultivateur veut l'introduire dans son exploitation, comme nous en avons l'expérience, les conducteurs déclarent qu'ils sortiront de la ferme, plutôt que de la manœuvrer ; et l'instrument reste là, inactif et rebuté devant cette ligue de l'inertie et de l'ignorance.

Labours profonds. — L'instrument est-il bon, il faut encore s'en servir convenablement : Or, un des défauts de notre culture, c'est de labourer superficiellement, de 10 à 12 centimètres au plus. Dans nos plaines de Brie, comme dans les plateaux de Picardie et du Soissonnais, la culture

(1) Voici les prix comparés de la main-d'œuvre payée dans la même exploitation (no compris la nourriture fournie en sus).

	En 1851.	En 1866.
Maître charretier........	480 fr.	800 à 1000 fr.
Charretier laboureur....	300	600
Garçon de cour........	250	420
Fille de cour..........	180	360
Berger................	360	600

peut impunément se faire profonde ; c'est un sacrifice de forces, la première année ; c'est un nouveau sacrifice de récolte pendant les deux ou trois années suivantes, temps nécessaire pour que la terre ramenée du sous-sol à la surface s'oxygène et s'imbibe des principes vivifiants de l'air, de l'eau et du soleil ; mais après, que ces sacrifices sont largement compensés ! C'est un sol vierge fourni aux semences ; c'est un drainage naturel, permettant à l'eau de s'écouler, sans pourrir la racine superficielle des céréales ; permettant à l'humidité de séjourner assez dans cette épaisseur spongieuse, pour s'opposer à toute sécheresse trop continue ; permettant enfin aux racines, telles que la betterave par exemple, d'aller prendre profondément ses principes nutritifs, en laissant à la surface tous les autres principes nécessaires au froment. Qui ne sait que pour la betterave, elle-même, la puissance saccharine est en raison directe de l'enterrement de la racine? Toute la partie hors de terre possède 1/3 moins de puissance saccharine que la partie en sous-sol. Les agriculteurs de Picardie connaissent tellement bien ce phénomène qu'ils en sont arrivés, au moyen de la charrue Vallerand, (dite 1/2 révolution) que nous avons vue fonctionner, non à titre d'essai, mais comme outillage ordinaire de ferme, à l'aide de dix bœufs, à faire des sillons de 0 m. 35 de profondeur et de 0 m. 60 d'ouverture, véritable défonce, dans laquelle la betterave, puis le blé l'année suivante, lorsque le sol est tassé, jouissent de toutes leurs facultés de production. En dehors même de ces labours, combien y a-t-il de cultivateurs qui savent apprécier le simple bataillage donné après la récolte, concordant avec un léger semis de légumineuses fourragères? Cette façon, peu coûteuse, a le double avantage de fournir une abondante nourriture de vivres pour l'hiver, et, par-dessus tout, de faire germer superficiellement toutes les grenailles, et par conséquent de détruire toutes les herbes parasites qu'un enfouissement plus tardif et plus profond conserve et fait germer au printemps, au détriment de la véritable récolte. Qui s'en tient donc aux labours superficiels, s'expose, de gaieté de cœur, à la gelée et au déssolement, en hiver, à la pourriture du printemps, à la dessiccation, avant maturité, en été ; en somme, à un rendement médiocre.

Semoirs mécaniques. — La terre labourée, on la sème. Un hectare exige trois hectolitres de semence de choix, chaulée, au total, 81 francs pour les blés du pays et 120 fr. pour les blés anglais (1). Une partie de cette semence est perdue, dans le semis à la volée : au moyen d'un semoir mécanique, un hectolitre et demi suffit; soit une économie de 40 fr. 50 cent. par hectare de blé du pays ou, 2 fr. par hectolitre de rendement (sur une moyenne de 20 hect. nets), soit une économie de 60 fr. par hectare de blé anglais; ou 3 fr. par hectolitre net de rendement, voire même encore 2 fr. 50 ; si ce rendement net s'élève à 25 hectolitres à l'hectare, autant

(1) Les beaux blés anglais de semence sont payés cette année, où le grain est à si bas prix, 45 fr. les 115 kilos; soit 40 fr. l'hectolitre. Les beaux blés de pays, 33 fr. les 120 kilos; soit 27 fr. l'hectolitre.

que le montant du loyer payé au propriétaire ; l'agriculteur, en semant à la volée, double donc de gaieté de cœur un loyer qu'il trouve déjà trop élevé. Est-ce donc là une économie à mépriser ? Sans compter que la semence mieux déposée et espacée donne des épis mieux aérés, et un grain plus lourd et plus riche en fécule (1). Pourquoi les semoirs sont-ils si rares, devant d'aussi précieux résultats ? leur absence est, certes, une cause incontestable de moins value dans la production.

Batteuses. — *Hache-racines.* — Le grain moissonné, on le bat : ici, la rareté des bras a été un terrible stimulant pour la culture. Les batteuses mécaniques font aujourd'hui partie intégrante de toute ferme bien montée, mais rarement encore l'on voit les hache-racines, concasseurs et ventilateurs joints aux batteuses, et mus, au moyen d'une simple transmission, par la même force motrice. Pourquoi laisser aux bras dispendieux d'un homme de journée le soin de préparer la nourriture des troupeaux qu'une machine fera en peu d'heures, en temps de pluie ou de gelée ? Pourquoi, faute de cette organisation si simple, perdre, comme on le fait encore, dans une partie de nos fermes, la plupart des menues pailles, qui, mélangées aux racines concassées et en fermentation, forment un des plus nutritifs aliments, pour les troupeaux ? Voilà encore une cause de perte incontestable, faute d'un engin mécanique.

Parlerons-nous, en dehors des céréales, des faneuses et des racleuses à cheval qui, à la différence des faucheuses ou moissonneuses, ont incontestablement fait leurs preuves : grâce à elles, avec deux chevaux, une importante récolte de fourrages peut, en quelques heures, être sauvée d'une perte presque totale qu'un orage peut infliger à la plus verte récolte. Le fourrage jaune perd un cinquième de sa valeur ; de la 1e qualité, il passe à la 5e. Les deux modestes instruments que nous venons de nommer garantissent presque le cultivateur de cette perte. Pourquoi sont-ils donc si rares dans nos fermes, surtout lorsque la main-d'œuvre manque ?

Voilà donc encore de ce chef une nouvelle cause de déperdition dans le rendement.

Fumiers. — Nous sommes, il faut l'avouer, au point de vue de la production des engrais, dans l'enfance de l'art. Nous disons art, car cette production, base de tout produit qui nous fait vivre, demande une expérience de chaque jour jointe à une science chimique très-développée. Un

(1) Plus un épi est aéré, plus les racines ont d'espace pour s'étendre, plus le volume et le poids augmentent. Or, si le grain est pesant, la farine et le gluten augmentent, le son diminue ; et par contre, moins le grain pèse, plus au contraire le son augmente, plus la fécule et le gluten diminuent. Voici, sur ce point incontestable, une expérience frappante :

	Déchet.	Son.	Farines.
1 hectolitre de blé pesant 70 kil., rend...	2 kil.	17 kil. 68	50 kil. 32
— — 75 —	2 »	16 » 64	56 » 36
— — 80 —	2 »	15 » 06	62 » 94

empereur romain, Vespasien, avait établi un impôt sur les fosses d'aisance. Son fils, un jour, en entendant parler, se prit à sourire en se bouchant le nez. L'empereur aussitôt, faisant étaler devant lui l'argent qui en provenait, lui dit : « Vois si cet argent sent mauvais ! » A son exemple, ne méprisons donc pas les fumiers, et en voyant étalé devant les yeux nos vêtements de laine, nos tissus de lin et de chanvre, la viande comme le pain qui nous sert d'aliments, ne rions pas trop de cette question du fumier, et sans nous boucher le nez, visitons la première fosse à fumier venue dans n'importe quelle ferme de la Brie ou de la Picardie.

Au milieu de la cour s'étend le tas de fumier, recevant tous les égouts d'eau, qui enlèvent au paillis tout le purin et la matière azotée, c'est-à-dire les déjections. Là les eaux se perdent le plus souvent par absorption en terre, ou par quelque ruisseau, sans profit de personne. Quelquefois ce purin délayé est recueilli dans une citerne, d'où on l'extrait, pour arroser le fumier, où les menues pailles qu'on laisse perdre. De cette opération, il reste, surtout lorsque les purins sont complétement perdus, un paillis lavé en hiver, desséché en été, ne pouvant plus donner à la terre qu'un amendement relatif. Ce n'est plus que du marc, dont on a extrait tout le jus bienfaisant.

Ce n'est pas tout encore, cet engrais épuisé est transporté dans la jachère, où il reste le plus souvent à se laver de nouveau, et à s'épuiser par l'évaporation.

Transportons-nous, au contraire, en Hollande, dans la partie la plus ingrate, dans la Campine, dont le sol, vaste résidu des alluvions séculaires du Rhin, qui y a déposé les granits et les grès concassés en matière impalpable, des montagnes de la Suisse, n'est composé que de sable gris, sous lequel s'étend une couche énorme de sable jaune. Dans cette région, les seigles, les avoines, les colzas, les turneps, les trèfles sont pourtant magnifiques ; cela tient simplement à la quantité et surtout à *la qualité* du fumier confié, *pour chaque récolte* à la terre, tant le sol est pauvre, et au travail persévérant du cultivateur.

Ce fumier se fait *à couvert*, dans les étables mêmes, et voici de quelle façon : L'étable, munie d'un passage au milieu et de deux portes charretières permet à une voiture d'apporter chaque jour un lit de matières absorbantes (pailles, curages de fossés, feuilles sèches, cendres de foyer, chaux), arrosées immédiatement avec les résidus des vidanges, qu'on va chercher à prix d'argent soit à la ville voisine, soit au village même, dans lequel chaque habitant s'empresse d'établir, sans prescription municipale, mais par intérêt, une fosse étanche, pour recueillir ces précieuses matières utilisées pour sa culture, ou vendues : le tout est recouvert d'un lit de litière fraîche ; puis les bestiaux rentrent, et complètent par leur piétinement et leurs déjections, la confection de l'engrais. Chaque jour la couche s'élève, avec les bestiaux, et lorsque le fumier est arrivé au niveau fixé, les tombereaux entrent, et l'enlèvent pour le porter directement aux champs, soit pour l'amonceler sous forme de meule, soit pour l'enfouir immédiatement.

Comparons ces deux méthodes de production : nous devons, tout d'abord, reconnaître que la puissance fertilisante du fumier de Hollande laisse bien loin derrière elle celle de nos fumiers, alternativement lavés par la pluie et les égouts des toits et évaporés par les rayons du soleil, lavés et évaporés de nouveau par un trop long séjour sur la jachère. On comprendra, dès lors, tout ce que nos agriculteurs perdent, comme l'on dit, de pièces de cinq francs.

Si de l'inspection due au gros bon sens, nous nous adressons maintenant à la science élémentaire, que voyons-nous : la plante, le blé, par exemple, se compose de carbone, de décompositions animales, ou azote, de phosphore, de potasse et de chaux. Le carbone est tiré de l'air, où il est fourni en abondance par la respiration des animaux et de l'homme ; quant aux autres matières, elles sont tirées de la terre, appauvrie par de précédentes récoltes, et qu'une addition de fumiers doit revivifier.

Or, le fumier normal de ferme sur 1,000 kilos (dans lesquels l'eau entre pour 600 kilos), contient :

Décomposition animale ou azote	4 kil. 16
Phosphore	1 » 76
Potasse	4 » 92
Chaux	10 » 46
Total, en kilos utiles	21 kil. 309

Ce sont là des sels chimiques décomposables par l'eau, ou volatils, le premier surtout, par l'évaporation.

Or, les eaux vannes ou de vidange étant très-riches en azote, les eaux de lessive et les cendres contenant beaucoup de potasse ; la chaux étant indispensable dans toute reconstruction de plantes, on doit comprendre que le Hollandais :

1° Par ses arrosements d'eau vannes, quadruple la quantité d'azote ;

2° Par les cendres et les eaux de lessive augmente les quantités de potasse ;

3° Par la chaux, triple la portion naturelle de cet engrais ;

4° Il supplée, enfin, à l'absence du phosphore, souvent par la semence à la volée, lors des semences, de détritus de noir animal ayant servi aux raffineries. Il se trouve donc, par son gros bon sens, et sa longue expérience, être arrivé à la science complète du chimiste le plus expérimenté.

Ajoutons enfin, qu'en conservant son fumier à couvert, le remuant le moins possible, le transportant de l'étable aux champs, où il est immédiatement enfoui, il pare, tout à la fois, à la décomposition ou à l'enlèvement des sels essentiels, par l'eau, et l'évaporation de l'azote par l'atmosphère (1).

(1) Cette déperdition est tellement intense que, sans parler de l'odorat qui s'en rend facilement compte, la matière azotée, enterrée, continue insensiblement et continuellement à s'évaporer. En voici une curieuse preuve : M. Boussingault eut l'idée de recueillir de la

Tel est l'usage que nous avons trouvé établi en Hollande; tel est l'usage que nous y suivons nous-même, et sans lequel nos terres seraient stériles. Pourquoi ne pas faire de même dans la Brie ou dans la Picardie, pays où la terre a déjà, par elle-même, une bien autre fertilité que les sables de la Campine! Pourquoi ne pas employer, par un service de tinettes, soit sur la voie pubique, qui y gagnerait, soit dans les maisons particulières, qui n'auraient pas, non plus, à s'en plaindre, soit dans la ferme elle-même, dans laquelle eaux ménagères comme matières fécales sont absorbées dans des puisards, pourquoi, disons-nous, ne pas employer toutes ces richesses perdues, qu'on ne laisserait certainement pas perdre, si une terre ingrate ne voulait produire qu'à ce prix? Nous arriverions donc à cette donnée malheureuse que, plus la fertilité de la terre est grande, plus grande aussi est l'insouciance du cultivateur. Qu'on ne s'y trompe pas, du reste, il en est du fumier de ferme comme de nos forêts qu'on détruit sans arrière-pensée, remplaçant le bois par la houille dont les gisements s'épuiseront; on supplée aussi à l'imperfection et à l'insuffisance des fumiers de ferme, par le guano, qui est bien prêt de s'épuiser. Encore 17 ans, et les îles du Pérou auront envoyé leur dernière molécule. (1).

Il faudrait, nous le savons, hardiment changer, sur ce point, nos vieilles habitudes, les dispositions des étables, celles des bâtiments de ferme, la routine même d'un garçon de ferme, cette dernière, souvent, la principale pierre d'achoppement de bien des progrès; mais pourtant, qui veut la fin, veut les moyens; quand on se noie, on saisit la première perche venue. Pour l'agriculture en souffrance, la mauvaise confection des engrais naturels, leur perte même doit être comptée comme une des causes essentielles de déperdition dans le rendement des produits.

Nous ne désespérons donc pas, un jour, de voir les fumiers rationnellement composés, comme en Hollande, avec toutes les richesses fertilisantes qu'on laisse perdre; de voir enfin ces fumiers, engrangés à l'abri

neige ayant séjourné sur une terrasse et une autre quantité ramassée à la surface d'une terre cultivée.

1 Litre d'eau provenant de la fonte de la première, contenait 0 kil. 0017 d'azote.
1 litre d'eau provenant de la fonte de la deuxième, contenait 0 » 0103 »
ce qui conduit à une déperdition de 172 kilos d'azote par hectare par an.

(1) D'après les calculs faits dans une enquête officielle, ordonnée par le gouvernement du Pérou, en 1853, il existait alors aux îles Chincha :

Ile Nord...............	4,189,477	tonnes effectives.
Ile du Milieu...........	2,505,948	—
Ile Sud................	5,680,675	—
Total.........	12,376,100	
Il a été extrait à ce jour..	5,637,365	
Il restait à extraire......	6,838,735	

Soit à 400,000 tonnes par an; une durée d'extraction de 17 ans, moins qu'un bail de culture!

de la pluie ou du soleil, comme une récolte de paille ou de fourrages, matière d'autant plus précieuse que sans elle, pas de produits, pas de récolte; le cultivateur obtiendrait alors une puissance fertilisante inconnue : de 20 à 25 hectolitre par hectare, il porterait la production à 35 ou et même 38 hectolitres (1).

Qu'on ne s'y trompe pas, les fumiers en *quantité* et surtout en *qualité* suffisante, voilà la base de toute culture : c'est la plus lourde dépense dans la culture d'un hectare de terre à blé; si les frais représentent une somme de 550 fr., la fumure entre pour 325 fr. Pourquoi, dès lors, le cultivateur n'emploierait-il pas toutes ses forces à en produire le plus possible, pour se libérer des acquisitions de guano, poudrette, tourteaux; le produire succulent pour en employer moins; et tout en diminuant les frais de transport de matières encombrantes, doubler sa production? Est-ce donc là un résultat à négliger?

Nous venons de voir de quelle manière on doit traiter le fumier de ferme. Mais si la production ne peut égaler la demande qu'en fait la terre; si, par exemple, comme ce qui va arriver l'année prochaine, dans le Nord, la crainte de la maladie, dans le Midi, l'absence de récoltes herbacées, ont conduit des pâturages à la boucherie la moitié du bétail, il faut, de toute nécessité, s'adresser à une production artificielle, production que l'État ou les municipalités, comme nous le verrons plus loin, entravent encore singulièrement; pour cela, il faut connaître, apprécier et traiter les différents sols d'une même exploitation, suivant leur composition; ici, l'agriculteur, comme pour la composition de son fumier, doit devenir chimiste et appliquer tel engrais à tel terrain où il réussira, tandis qu'il donnera un résultat négatif à côté; tel engrais, par exemple, riche en phosphates (guano, engrais de poissons), apte à la production des céréales réussira surtout dans les terres légères; tel autre, riche en chaux et potasse (les tourteaux), utile à la betterave, indispensable aux colzas, pavots, œillettes, etc., sera le seul engrais utile dans certaines terres fortes, dans lesquelles du fumier azoté ne ferait que pousser à la végétation herbacée et non au grain. Il faut donc que tout cultivateur, comme il s'en rencontre, du reste, déjà en certain nombre, apprenne vite à connaître toutes les parties de sa culture, pour ne pas arriver à ce résultat au bout de douze longues années de tâtonnements, d'expériences qui se traduisent souvent en découragements, toujours en pertes importantes.

Moyettes.—Au moment de récolter ce qui a donné tant de peines, coûté tant de dépenses, un vieil usage, une antique routine vient encore, si l'été est pluvieux, compromettre toutes les chances de gains : les céréales coupées, en effet, on les laisse en javelles sur le sol; la moitié des épis, contigus au sol, s'imprègnent déjà d'humidité; si la pluie survient, le blé

(2) Nous avons l'exemple d'une culture intensive, dans le Loiret, dans laquelle les terres traitées avec du fumier de ferme *rationnellement produit et conservé* sont arrivées à produire 38 hectolitres à l'hectare.

germe ; vienne un jour de soleil, on lie, puis on entasse le tout à moitié sec en dixains : la pluie survient encore et la disposition inclinée des gerbes fait précisément que toute l'eau se réunit sur les épis ; la germination et la fermentation recommencent.

En Hollande (comme du reste nous l'avons vu pratiquer en Suisse ou en Tyrol), pays pluvieux et humide, l'homme a été averti qu'il ne devait jamais compter sur un soleil radieux ; le sol lui-même est tellement humide, en dehors de l'atmosphère, que toute gerbe déposée germerait infailliblement, aussi, la gerbe une fois coupée, on la lie immédiatement, on la dépose *debout*, rangeant autour d'elle huit gerbes se touchant au sommet, mais isolées à leurs bases : le tout est recouvert d'une gerbée placée en sens contraire et formant toiture.

De cette façon :

1° Le grain maintenu dans la position verticale ordinaire continue à profiter en croissance et maturité ;

2° La pluie s'écoule facilement, l'épi est toujours sec comme il le serait s'il était encore sur pied ;

3° Les pailles conservent leur couleur et leur odeur ;

4° Les liserons enfin et autres herbes, dans l'espace de quelques jours, sont arrivés à un état complet de dessiccation, grâce à l'air qui circule autour de chaque gerbe et pénètre dans l'intérieur ; ces bas de gerbes forment le meilleur manger pour les bestiaux.

Que l'on compare, ici encore, ces deux méthodes essentiellement pratiques (car il ne s'agit pas ici d'une théorie douteuse, mais d'une pratique constante dans les pays humides, que nous y avons examinée, pratiquée nous-même et toujours vue utilement fonctionner) et que l'on décide laquelle est préférable !

Et pourtant, jusqu'à ce jour, dans la Brie comme dans une partie du Soissonnais, la vieille méthode règne encore en maîtresse, malgré une main-d'œuvre considérable en plus (le javelage qu'il faut constamment retourner par des temps humides), malgré une dépréciation de la paille elle-même, malgré une déperdition de grains tombés, malgré surtout une cause de perte considérable et en poids et en farine amenée par la germination du grain (1).

(1) Ce n'est un secret pour personne que dans un grain de blé composé de son, de gluten et de farine, la germination décompose la dernière partie, la transforme d'abord à l'état de lait, puis bientôt à l'état de matière sucrée ; au contraire de la betterave, laquelle saccharine tout le temps qu'elle est herbacée, perd tout son sucre dès qu'elle pousse à graine,

Le grain de blé devenu sucre, voit ses glutens et ses amidons transformés ; il devient impropre à la production de la farine. Cette expérience, chaque cultivateur peut la faire comme nous l'avons faite nous-même : Prendre 2 litres de froment intact et sec, en placer un entre deux linges mouillés : au troisième jour, la germination commence ; au cinquième, elle est complète ; le grain est sucre. Arrêter par dessiccation cette germination ; puis, l. grain sec, le peser ; il a perdu 30 grammes sur son congénère, c'est-à-dire 3 kilos

Prairies naturelles. — Abandonnez la culture du blé, crie-t-on de toutes parts; semez des prairies et faites de la viande! Faut-il dire toute notre opinion : s'il s'agit de terrains inondables ou irrigables facilement, les prairies ont leur raison d'être, car dans le premier cas elles retrouvent une alluvion fertilisante et gratuite; dans le deuxième, un principe éternellement vivifiant; si, au contraire, elles occupent, en dehors de ces deux données, la place de céréales ou de plantes textiles ou légumineuses, en présence des chemins de fer qui vont chercher au loin, et à bas prix, des foins de toute nature; ces prairies ne sont plus alors assez rémunératrices et emploient mal une place précieuse; il n'y a d'autre salut pour ces terres que dans une culture extensive, et quoi qu'on dise, dans une production de céréales. Quant aux prairies placées en dehors des données d'arrosement ou d'alluvion, il faut alors recourir à une production exagérée, et cette production, on ne l'obtiendra qu'au moyen d'arrosages printaniers et *annuels* des eaux vannes de purins, provenant des fosses d'aisance (1). Hors de ce système, tout hectare de prairie sera une charge pour la culture totale, en ne produisant que 270 à 300 bottes à l'hectare (2). Il viendra, par les frais et les produits minimes, peser sur la somme totale des bénéfices, et par conséquent, augmenter les frais généraux des céréales. Hors donc l'alluvion, l'irrigation et à leur défaut l'arrosement annuel aux purins, il n'y a pas de salut pour la prairie naturelle.

par hectolitre. Le grain, de jaune est devenu roux, ridé, par conséquent déprécié quant à sa qualité de vente. Quant à la farine, tandis que le premier litre donne une farine abondante et blanche, le deuxième litre ne donne qu'une farine bise et grenue.

(1) Ces eaux vannes, on peut, comme nous l'avons démontré précédemment déjà, s'en procurer gratuitement dans chaque village; en dehors de cette production négligée, on peut s'en fournir au dépotoir de Bondy au prix de 1 fr. 40 le mètre cube, prix malheureusement un peu trop élevé; un service spécial de wagons a été établi pour le livrer à grande distance sous le nom d'engrais liquide. Sans l'impôt énorme prélevé par la ville de Paris et dont nous aurons à nous occuper, ce prix serait de beaucoup inférieur.

(2) Voici le calcul comparatif des frais d'un hectare de pré et de son rendement.

	Propriétaire.	Impôts.	Frais.	Total.	Rendement.
Loyer en corps de ferme....	60	»	»	60 »»	300 bottes à 30 c. 90 fr.
Impôts, centimes, prestations,	»	13 »»	»	13 »»	— à 40 c. 120
200 kilos de guano, à 32 fr..	»	3 60	60 40	64 »»	— à 45 c. 135
Fauche, fanage, meules......	»	»	30 »»	30 »»	— à 50 c. 150
Bottelage de 300 bottes......	»	»	12 75	12 75	— à 55 c. 165
Entrée à 5 fr. le cent........	»	15 »»	»	15 »»	— à 60 c. 180
Frais généraux, 11,000 fr., ré-					
duits à 1/4..................	»	»	17 »»	17 »»	500 bottes à 30 c. 150
Amortissement en 15 ans d'un					— à 40 c. 200
matériel de 32,000 fr....	»	»	13 35	13 35	— à 45 c. 225
Pertes, mortalités, réacquisi-					— à 50 c. 250
tions....................	»	»	20 »»	20 »»	— à 55 c. 275
Intérêt à 5 % sur un capital.					— à 60 c. 300
de 120,000 fr..............	»	»	30 »»	30 »»	
Total........	60	81 60	183 50	265 »»	

En résumé, sur ce second chapitre, si le prix du blé n'est pas rémunérateur pour l'agriculteur, il faut qu'il s'en prenne, en partie, à lui-même (sauf de nombreuses exceptions, bien entendu), et que pour y remédier, il cherche, non pas à élever le prix de vente, mais au contraire, à abaisser, dans la somme de ses forces, le prix de revient, en diminuant les frais généraux répartis sur une production intensive.

Ce but, nous avons cru démontrer, non pas théoriquement, mais pratiquement qu'on pouvait l'atteindre :

Par un capital d'exploitation suffisant, opposé à toute trompeuse économie.

Par un outillage mécanique perfectionné et *pratique*, économisant semence et main-d'œuvre onéreuse.

Par des labours profonds, augmentant le rendement en sucre comme en farine.

Par une confection plus rationnelle des fumiers, employant des richesses perdues, développant au double la production.

Par la conservation préalable des récoltes, les mettant à l'abri de toute cause de germination, décomposition ou pourriture.

Voilà les conseils qu'en partisans sincères et dévoués des agriculteurs, nous avons le courage de leur donner : franchise vaut mieux que flatterie.

Mais si l'on tend à développer, par de tels moyens, la production des céréales, s'écrie le statisticien économiste, le mal deviendra encore plus violent, car la situation pénible où nous sommes vient de l'épargne de 90, 60 ou même 20 millions d'hectolitres de froment, qui doivent peser sur le marché! Quant à nous, nous ne croyons pas que l'on doive assigner à la maladie une telle cause, n'en déplaise à la statistique qui serait fort embarrassée d'établir les chiffres partiels composant tous ces millions et sur lesquels déjà on n'est pas du tout d'accord. Vouloir jauger ce que tous les Français mangent, année commune, de pain bis ou blanc, nous paraît une prétention chimérique. Le bien-être et le progrès servant de base à tout travail moderne, si la France, avec ses 36 millions d'habitants, produit 112 millions d'hectolitres (ce que nous ne nous chargeons pas de prouver), cette quantité ne nous donne encore que 1/2 kilo de pain par jour et par tête; or, on peut parfaitement compter, outre les pommes de terre, sur une consommation moyenne plus élevée du double. Il fut un temps, et nous parlons de 30 à 35 ans, où l'ouvrier des villes se nourrissait de pain bis, le soldat de pain de munition à peu près noir, l'habitant des campagnes s'en passait, et se donnait quelquefois le luxe du pain de seigle massif. Aujourd'hui, l'ouvrier des villes se nourrit du pain dit *de fantaisie*, le soldat de bon pain de froment, et l'habitant de la campagne mange plus habituellement du pain de ménage fourni par le boulanger que cuit dans le four banal tombé presqu'en désuétude. Que quelques retardataires à la loi bienfaisante du progrès cuisent encore eux-mêmes du pain méteil; que dans plusieurs provinces, l'usage du pain de froment ne soit pas encore établi, c'est l'affaire de quelques années et des chemins de fer. Quant à nous, nous croyons fermement qu'il en est du pain comme du vin; son usage, proportionné à la hausse des salaires et au bien-être des populations, est, pour ainsi dire, illimité; la loi du progrès et du bien-être, en temps de prospérité, doit allouer plus d'un 1/2 kilo de pain de froment à chaque Français, de même que, en temps de souffrance, elle disparaît presque et contraint l'homme à restreindre son alimentation et à se priver du pain, cette base de toute alimentation, pour recourir à la pomme de terre, à la châtaigne, au sarrazin.

S'il y a trop-plein, encombrement, n'en cherchons pas la cause dans un excès de production, mais au contraire, dans un défaut de consommation devant laquelle toute la science de l'économiste et du statisticien reste impuissante. Quoi qu'on fasse, les appréciations du foyer domestique échapperont toujours aux statistiques préfectorales. Nous sommes loin encore de la fameuse poule au pot du dimanche rêvée par le bon roi Henri; nous sommes encore loin du temps où chaque habitant de France aura son pain de froment quotidien en suffisante quantité; n'arrêtons donc pas notre production des céréales, sauf à la remplacer par l'importation étrangère.

Vouloir, dans le silence théorique du cabinet, conseiller aux agriculteurs des hauts plateaux du Soissonnais ou de la Picardie, comme aux cultivateurs des plaines de la Brie, de supprimer le blé, le remplacer par des prés irrigués, et produire de la viande, c'est là le plus souvent une pure illusion. Avec un sol sans eau, qu'on dessèche chaque jour par des défrichements systématiques de forêts; avec un sol plus élevé que les cours d'eau qui le traversent, l'irrigation, sauf dans la montagne, nous paraît un leurre.

Vouloir, enfin, substituer subitement la culture herbacée à la culture des céréales, c'est oublier la nécessité des alternances de ces céréales, dans toute culture intensive, c'est méconnaître les révolutions nécessaires d'assolement, et ne pas comprendre que toute prairie artificielle temporaire, loin d'exclure la production des céréales, jouant au contraire vis-à-vis d'elles le rôle de jachère active, vient encore en activer la production; c'est croire enfin que l'agriculture peut, comme les travaux des villes, se métamorphoser en un jour, comme une décoration de théâtre, au coup de sifflet du machiniste; nous sommes là, en un mot, en présence d'une théorie dangereuse et non d'une pratique sage et infaillible.

Cherchons donc à faire produire au sol tout ce qu'il peut produire, en le régénérant à chaque récolte, et repoussons cette idée que la fécondité divine de la terre devient une plaie et une cause de ruine par la fécondité même.

CHAPITRE III

MUNICIPALITÉS.

Nous arrivons ici à constater un autre genre de responsabilité dans la crise actuelle : de particulière elle devient générale ; d'agricole elle devient sociale et prend plus d'importance, par son essence même qui échappe à la volonté du producteur, le laissant par conséquent passif en présence du danger ; par l'importance enfin du résultat.

Dans la municipalité, il faut distinguer deux degrés : celle agricole, où est le siége de l'exploitation ; celle urbaine, centre des débouchés. La première ne devant nous occuper qu'au point de vue des charges et impôts que nous examinerons lorsqu'il s'agira de l'État, c'est la seconde seule que nous avons en vue actuellement.

Pour la Brie, la Picardie et le Soissonnais, cette municipalité c'est Paris, donnant du reste l'exemple à tous les autres grands centres de province, modèle servilement copié par Lyon, Bordeaux, Marseille, etc. C'est dans cette énorme agglomération de population que vont s'écouler les produits agricoles, frappés de droits d'octroi ; c'est de là que sortent, frappés de droits énormes, une faible partie des débris azotés, engrais fertiles, dont l'agriculture a un si pressant besoin, et dont la plus grande partie est perdue pour tout le monde : par ce double côté, la municipalité urbaine touche directement à l'agriculture. Grâce enfin aux travaux de transformation fiévreuse, c'est là qu'affluent les innombrables ouvriers enlevés chaque jour aux champs par l'appât des gros salaires. C'est là que vont s'engouffrer épargnes du propriétaire, épargnes du cultivateur, épargnes même du laboureur et de l'ouvrier, attirées par l'appât de la loterie patronnée pour subvenir à ces énormes et dispendieux travaux.

Par ce dernier côté, on le voit, la crise devient sociale. Examinons donc quelle part la municipalité urbaine a dans la crise agricole actuelle.

Octrois. — Les droits d'octroi constituent l'une des plus fortes sources de revenu des villes (1) ; et c'est l'agriculture qui en fait, pour la plus grande partie, les frais. En voici du reste le tableau :

(1) Pour la ville de Paris, ces droits, au commencement de ce siècle, rendaient 6 millions : aujourd'hui le rendement s'élève à la somme prodigieuse de 100 millions ! somme supérieure à plusieurs budgets d'états secondaires d'Europe !

Alcools....................	23 fr. 50	par hectolitre.
Vins....................	10 »	—
Viande....................	10 » 50	les 100 kilos.
Volaille....................	30 »	—
Dinde, oie, lapin domestique.	15 »	—
Beurre....................	10 »	—
Fromage....................	9 » 50	—
Œufs....................	2 » 50	—
Avoine....................	1 » 25	—
Foin....................	5 »	les 100 bottes de 5 kilos.
Paille....................	2 »	—

Quant au blé, ou farine, un droit de 0 fr. 50 c. par sac a été établi au profit de la caisse de la boulangerie.

Inutile enfin d'ajouter que tous ces droits sont frappés par l'État :

1° Du double décime de guerre ;

2° Du 1/2 double décime de guerre ;

3° D'un droit de timbre de quittance ;

4° Des frais enfin municipaux de vérification, stationnement, droits de marché, pertes de temps énormes qui se traduisent en frais de traction (1).

On voit, par ce simple tableau, que l'agriculture paie une énorme part sur ses produits, même sur celui qui offre partout des pertes, le blé ; ces droits viennent frapper lourdement les bénéfices et s'ajouter aux frais de production. Le luxe, souvent peu raisonné des villes, prélève les plus fortes subventions sur l'agriculture.

Opposera-t-on, ici, cette objection si souvent répétée, que c'est, en définitive, le consommateur qui, sans s'en douter, solde tous ces droits : il n'en est pas moins vrai que l'agriculteur commence par solder de son argent comptant, avant la vente, ces énormes droits ; puis, lors de la vente à terme (la plus ordinaire en fait de fourrages et grains), il retrouve avec perte d'intérêt une portion seulement de son argent, quand il ne lui arrive pas de se voir enlever, par une faillite, mise de fonds, bénéfices et droits payés.

Ce n'est enfin un doute pour personne que, plus la denrée est livrée à bas prix, plus la consommation augmente. La production augmentant en proportion, les frais généraux diminuent, et ces bénéfices s'accroissent. Les droits d'octroi sont donc une barrière à cet accroissement, et par ces diverses raisons, nuisent à l'agriculture.

Engrais. — La production d'engrais dans une grande ville est immense. S'ils étaient tous recueillis et livrés, non frelatés et à bas prix à

(1) La ville de Paris, non contente de ce luxe de droits, cherche encore, par des subterfuges, à les augmenter : lors de la constitution du monopole des petites-voitures, aujourd'hui supprimé, il fut imposé à la compagnie l'obligation d'établir tous les dépôts, dans l'enceinte des perceptions, afin que grains et fourrages vinssent apporter un nouvel élément de recettes.

l'agriculture, Paris pourrait fertiliser plusieurs départements entiers. Il n'en est malheureusement pas ainsi, comme on va le voir.

Les principales sources de production sont les balayages des rues, les vidanges des fosses d'aisances, et les débris des égouts.

Quant aux premiers, constituant un puissant engrais, bien qu'affaibli depuis l'introduction des chaussées empierrées, son enlèvement était gratuit jusqu'à présent. A partir du 1er janvier 1866, on en a formé des lots, et une adjudication fractionnée sur la mise à prix totale de 89,310 fr., à payer annuellement, avec un cautionnement de 15,500 fr., vient de grever cette production d'engrais d'un droit important.

Quant aux produits des fosses d'aisances, jusqu'à l'apparition du choléra, l'année dernière, les eaux vannes étaient perdues et déversées ostensiblement dans les égouts, moyennant un droit de 1 fr. 25 c. par mètre cube, au profit de la ville. Toute matière solide, transportée au dépotoir de Bondy, y acquittait également un droit de 1 fr. 25 c. Aujourd'hui, à l'exception de l'écoulement continuel qu'on obtient par un système diviseur particulier, ne retenant que la matière solide, frappé d'un droit annuel de 30 fr. par tuyau de descente, outre le droit de dépotoir, à cette seule exception (dont l'administration préfectorale cherche à faire la règle générale, malgré le terrible avertissement donné par le choléra, et résultant des terribles émanations délétères provenant de la Seine desséchée et empestée) toute matière, actuellement, doit être transportée au dépotoir, et y solder un droit de 0 fr. 85 c.

Or, ce dépotoir appartient à la ville, qui l'afferme avec le droit 1° de s'y faire apporter, comme *monopole*, à l'exclusion de toutes autres entreprises, en instance du reste aujourd'hui pour faire cesser ce droit exorbitant, tous les produits de la ville;

2° D'y percevoir le droit de 0 fr. 85 cent. par mètre cube;

3° De convertir en poudrettes les matières que des machines à vapeur envoient dans la forêt de Bondy.

Ce monopole est affermé moyennant une redevance d'environ 700,000 fr.; avec les frais, c'est donc plus d'un million par an que la municipalité prélève sur la production de poudrette ou d'eaux vannes. Cette poudrette, mal préparée, a perdu, par une évaporation de six années à l'air libre, presque toute sa vertu fertilisante : pour cette cause, l'agriculture déserte cet engrais puissant; la culture du Nord ne l'emploie déjà plus. Quant aux eaux vannes, si utiles à l'agriculture, elles sont presque complétement perdues par suite du prix trop élevé qu'on en veut obtenir, et plus de *deux millions* de litres sont journellement, suivant une méthode primitive et barbare, déversés à Saint-Denis dans la Seine.

Nous sommes bien éloigné de faire un crime à une grande ville de tirer, de tous ses produits, un prix aussi élevé que possible : ce que nous blâmons fermement, c'est cette maladie du monopole, dont le consommateur ou producteur est toujours victime : ce que nous voulons enfin, c'est constater la part énorme que l'agriculture paie dans cette comptabilité, en dehors de l'impôt payé déjà par le propriétaire des immeubles.

Chaque fosse, en effet, doit acquitter un droit de 6 fr. par mètre cube, vis-à-vis de l'entreprise de vidange, puis cette entreprise un droit de 0 fr. 85 cent. vis-à-vis de l'administration municipale, avec *défense expresse* de tirer profit de cette matière en la convertissant en poudrette : le propriétaire n'est donc pas libre de vendre et d'en disposer cet engrais comme il l'entend ; il doit au contraire payer et payer cher.

En Hollande, que nous avons toujours à citer en fait de progrès agricole, liberté complète. Déclaration est faite par le propriétaire ; chaque cultivateur vient enlever l'engrais dans des chariots *ad hoc* ; il paie le mètre cube 2 fr. 50 c. en moyenne et en fait le mélange comme nous l'avons indiqué. Là, rien de perdu, tout est utilisé ; chacun est maître de son produit, aucun impôt n'est prélevé sur cette importante source de production. Que nous sommes loin, hélas ! d'un tel progrès ! Combien nous nous en éloignerons encore, lorsque l'administration préfectorale aura établi partout le système rêvé, celui d'envoyer dans les égouts, puis dans la Seine rendue pestilentielle, toutes les matières entraînées par un écoulement d'eau constant, système qui aurait un triple résultat : celui de perdre une plus grande somme d'engrais, celui de prélever un plus fort droit sur la propriété urbaine, celui enfin d'empoisonner, et non d'empoissonner un fleuve entier.

Arrivons-nous à la troisième source d'engrais, aux égouts ; nous assistons là à une déperdition complète.

Chaque égout, outre les lavages des rues, reçoit encore les eaux grasses de chaque maison ; pourquoi, en présence de cette accumulation d'engrais liquide, ne pas établir, à l'extrémité du grand égout collecteur, une vaste série de bassins à décanter, fonctionnant alternativement et à couvert. Le travail si simple et si naturel de la décantation laisserait tomber toutes les molécules putrides ténues en suspens dans le liquide, lequel ressortirait à l'extrémité, dans un état de pureté relatif, pour se confondre, sans crainte d'infection ou de choléra, dans les eaux de la Seine. Les bassins une fois comblés de détritus, une couche de chaux, si utile par elle-même à l'agriculture, viendrait compléter la dessiccation déjà préparée par des vannes d'écoulement, et un nouveau et abondant engrais, placé à portée des chemins de fer et des voies navigables, irait immédiatement et à bas prix répandre la fertilité dans un vaste rayon du pays. Le système barbare et primitif de ne considérer les cours d'eau que comme un fossé naturel, réceptacle de toute matière en décomposition, et non comme une source abondante et respectable d'alimentation pour la boisson ou de production alimentaire, comme poisson, qui partout disparaît, doit avoir fait son temps : bon pour le moyen âge, il est incompatible avec notre société moderne.

Voilà donc tout ce que l'insouciance ou l'oubli laisse perdre chaque jour de richesses agricoles ! Il est vrai que nous allons chercher à grands frais, jusque sur les côtes du Pérou, ce que nous pourrions avoir sous la main ! et ce qui est tout prêt à nous manquer.

Constructions urbaines. — Après les droits prélevés sur la production (octroi), puis ceux prélevés sur les engrais (boues de Paris, vidanges), préjudice causé à l'agriculture, la ville de Paris cause un préjudice bien autrement grave par la spontanéité de sa transformation, enlevant à l'agriculture bras et capitaux, ces deux muscles du travail. Nous ne faisons qu'en indiquer ici les résultats, trop connus malheureusement de tout cultivateur; en faire ressortir aujourd'hui l'importance serait presque une banalité.

Contentons-nous donc de rappeler, quant à la main-d'œuvre, que lorsque l'industrie du bâtiment a doublé ses prix; quand l'homme, incapable de conduire une charrue, de répandre même le fumier, trouve comme manœuvre ou démolisseur une rémunération de 4 à 5 francs par jour, des heures restreintes de travail, une nourriture succulente et des plaisirs grossiers en abondance, comment voudrait-on que ce même homme se contentât d'un salaire de 2 fr. 50 cent., voire même 3 francs, d'un travail plus régulier et de la vie de famille.

Les champs qui produiraient plus, avec des bras, se dépeuplent donc en présence d'un système préconçu de travaux municipaux. La grande ville appelle ces bras de tous côtés pour improviser à la hâte des travaux improductifs. L'enquête du congrès des sociétés savantes nous apprend que la raréfaction de la main-d'œuvre a été de 27 pour 100 de la population ouvrière, et que, par suite, les salaires agricoles ont augmenté de 30 pour 100; qu'enfin, dans l'espace de dix ans (de 1851 à 1860), trois millions d'ouvriers sont venus engloutir dans les villes leurs forces, leur santé et bien souvent leur vie. Ce sont les meilleurs ouvriers qui ont quitté les champs; la main-d'œuvre, tout en devenant plus chère, est devenue plus mauvaise. Voilà le produit indirect de tous ces grands travaux qui doivent faire l'admiration de l'étranger !

Pour les capitaux, même système, même produit, même désastre : l'emprunt est devenu la règle ordinaire et normale; pour drainer tous les capitaux, il a pris la forme séduisante et malsaine de la loterie, avec gros intérêts; compagnies soi-disant agricoles et agents de finances de l'État ont été chargés d'exécuter cette nouvelle entreprise de drainage dont nous aurons à nous occuper dans un autre chapitre; et aussitôt, non-seulement les capitaux des villes, mais toutes les épargnes des campagnes ont pris l'habitude de mépriser un modeste intérêt, de rechercher, au contraire, un rendement de 6, 7, 8 et même 10 p. 100, et de courir tous les six mois la chance des gros lots. Et l'on s'étonne, alors, que l'agriculture ne puisse trouver ni capitaux ni crédit !

Nous ne craignons pas de le dire bien haut, si un tel système continue, c'est la ruine d'une partie de l'agriculture qui n'a pas derrière elle de nombreux capitaux. Faute d'argent, point de machines, point d'outillage; faute de bras, point de culture possible; il n'y a plus dès lors qu'à laisser la terre inculte.

Ainsi donc :

Prélèvement sur les produits agricoles.

Prélèvement sur les engrais agricoles.

Déperdition volontaire d'une partie de ces mêmes engrais.

Appel et gaspillage de tous les bras, appel et gaspillage de tous les capitaux, voilà la lourde part des municipalités, et, de Paris à leur tête, dans la crise agricole actuelle.

Le remède à ces mesures fatales est bien simple. Qu'on veuille bien se résoudre à ne pas refaire Paris en un jour ; pour les travaux utiles, qu'on fasse préparatoirement toutes les études nécessaires afin de ne pas les recommencer, démolir et reconstruire plusieurs fois; pour les travaux somptuaires et improductifs, qu'on ait la sagesse de se limiter et de ne pas voguer à pleines voiles dans ce grand courant d'expropriations; immédiatement, bras et capitaux retourneront à l'agriculture ; taxes municipales et octrois subiront un dégrèvement considérable, dont l'agriculture profitera ; si l'on n'aime mieux, en présence de dépenses restreintes, renoncer à ce fâcheux système des octrois déjà supprimés en Belgique, n'existant pas en Angleterre, et dont la question, à l'étude dans le public depuis plusieurs années, attend une solution, plus avancée du reste qu'on ne le croit. Ou une modification dans la direction, ou une suppression des octrois et des taxes sur les engrais, il n'y a pas de milieu : si l'on ne peut pas accorder la mesure radicale, qu'on se décide alors à restreindre les dépenses.

CHAPITRE IV

ÉTAT.

Nous en sommes arrivés au point le plus important et aussi le plus délicat de la question, à la part de responsabilité qui incombe à l'État dans les souffrances de l'agriculture : le plus important, car, ce sont les charges imposées par l'État qui pèsent le plus lourdement sur l'économie agricole ; le plus délicat, car il s'agit en partie d'impôts, et sur ce point rien souvent de plus nécessaire à maintenir, rien de plus dangereux à supprimer, rien de plus difficile à remplacer, à modifier même. Notre but, toutefois, étant d'indiquer les causes de souffrances, nous ne pouvons nous dispenser d'aborder résolûment cette question, d'en signaler les défauts ; de rechercher enfin les moyens de supprimer l'impôt, toujours trop lourd pour celui qui le paie, tâche facile en théorie, impossible malheureusement en pratique ; mais d'en modifier l'assiette, d'en supprimer même les exagérations, les injustices, en nous basant sur ce principe cher à tout Français ; l'égalité.

Commençons tout d'abord par écarter le plus possible de notre chemin les éléments de statistique, sauf ceux dont il est indispensable de se servir : rien de plus trompeur en effet que les théories de statistique; si les chiffres ont une vérité brutale et si deux et deux font quatre, rien n'est plus facile que de les confondre, de les fausser, avec la plus entière bonne foi et de soutenir que deux hommes et deux enfants font quatre êtres égaux. Les dernières discussions du Corps législatif, dans lesquelles on a abusé de la statistique, nous ont montré des hommes honorables et convaincus tirant tous leurs chiffres d'un même recueil administratif, et arrivant à des calculs diamétralement opposés. En effet, tandis que pour l'un l'hectolitre de blé amené à Marseille ne coûte de transport que 2 fr. 40, pour l'autre, il coûte 5 fr.; tandis que la réserve en céréales est présentée par un orateur comme montant à 80 millions d'hectolitres, un autre n'en trouve que 20 millions; tandis, encore, que le député libre-échangiste, lorsqu'il s'agit de la marine, en excluant les charbons anglais comme marchandise, ainsi que les petits navires de cabotage en comprenant au contraire les marchandises de transit en France, arrive à équilibrer la puissance commerciale de la France et de l'Angleterre, le député protectioniste, en excluant les gros navires à vapeurs subventionnés, arrive à une infériorité humiliante.

Méfions-nous donc des chiffres de toute statistique administrative, car, involontairement, on leur fait dire tout ce que l'on veut : recourons, plutôt, aux chiffres et exemples pratiques que nous pouvons avoir sous les yeux; et, de ce point de vue restreint, arrivons à les généraliser.

Voyons d'abord les impôts directs et indirects que l'État prélève sur l'agriculture, puis les charges qu'indirectement elle lui impose encore.

Impôts directs. — Nous confondons sous ce nom les droits que l'État prélève directement, soit ceux dont il autorise le prélèvement et qui profitent, sous le nom de centimes additionnels, au département ou à la commune.

En principe, l'impôt est juste, nécessaire et représente le droit d'assurance que tout individu faisant partie d'une réunion de citoyens, paie pour solder les frais généraux de liberté, protection, viabilité, sécurité, les frais enfin de cette gestion spéciale qu'on appelle gouvernement. Ces frais d'assurance sont-ils en rapport avec leurs produits, avec la fortune de chaque citoyen ; c'est là une question que nous laissons au domaine de la politique pure : les frais sont-ils équitablement répartis, en un mot la protection n'est-elle pas payée plus cher, par telle classe de protégés que par telle autre; par la terre agricole par exemple : y a-t-il même protection efficace, c'est ce que nous devons rechercher.

Droits de mutation.—En tête se place le terrible impôt des droits de mutations. Que la terre vienne à passer des mains d'un individu entre d'autres mains par suite de succession, donation, vente volontaire, vente forcée, échange, une échelle de droits savamment combinés depuis 1 p. 100 jusqu'à 10 p. 100, outre les décimes de guerre, toujours vivants en temps de paix, outre les frais et droits de justice et de timbre; outre les émoluments de tous les officiers ministériels, vient, non pas frapper, mais absorber la propriété tout entière au profit de l'État (1).

Et ce droit fiscal, fixé sur l'estimation des agents du fisc, est calculé sans qu'il soit tenu compte des dettes ! c'est-à-dire qu'une propriété de 100,000 fr. livrée en gage pour 100,000 fr. prêtés au propriétaire et ayant déjà soldé l'impôt, n'ayant plus par conséquent aucune valeur quant à son détenteur, puisque la valeur mobilière lui a été substituée, est cependant calculée comme actif, et ces droits perçus comme tels. Jamais, on en conviendra, loi plus draconienne n'a été édictée contre la propriété !

Nous disons que ce droit absorbe la propriété tout entière; c'est tellement vrai qu'un ministre des finances italien, voulant en septembre dernier, établir ce droit fiscal dans son pays, a fait faire des recherches en France et a reconnu..... « Que la valeur totale de l'immeuble est absorbée à tous les vingt ans par l'État. » Devant cet effrayant résultat, il renonça au projet.

Il serait donc vrai de dire, comme cela du reste a été soutenu dans les hautes régions, que l'État est seul propriétaire, gardant la nue-propriété et abandonnant la jouissance au citoyen, moyennant : 1° le paiement tous les vingt ans de la valeur intégrale de l'immeuble; 2° de nombreuses restrictions au droit lui-même de jouissance, s'aggravant tous les jours (2).

La conséquence d'une telle législation fiscale, c'est l'augmentation nécessaire du prix de location. L'acquisition d'un immeuble ne se fait pas au point de vue de l'art, il se fait encore au point de vue de l'intérêt : Si donc, si le prix en est très-élevé, la rente à en retirer s'en trouve augmentée d'autant; et le plus souvent les agents du fisc sont les premiers à soutenir que le prix payé réellement en adjudication publique est trop

(1) Le budget pour 1867 porte le chiffre de ces droits, y compris ceux de timbre, à 405,780,000 fr., le quart de toutes les recettes du budget ordinaire.

(2) Parmi les restrictions et entraves directes imposées à la propriété foncière, nous citerons les restrictions d'alignement, de plantations, de défrichement, d'élagage, de fossés; les obligations de supporter les fouilles, les dépôts des routes, l'écoulement des eaux, le halage, le martelage des bois, etc., etc..., l'obligation enfin la plus opposée au droit de propriété; l'obligation d'expropriation non-seulement pour utilité publique, mais encore pour agrément, ornementation, souvent même spéculation particulière.

bas : ils haussent alors le prix adjugé, et font ainsi arbitrairement rendre à l'impôt (1).

N'y a-t-il pas là déjà dans cette récusation du chiffre de l'adjudication publique, puis dans la soustraction du chiffre du passif, des aggravations qu'on devrait tout d'abord faire disparaître, si l'on n'a pas le courage ou le pouvoir de dégrever une partie des droits de mutation sur le biens ruraux.

Enregistrements des baux ou prêts. — En cas de bail, le fisc apparaît encore pour prélever, avant toute entrée en jouissance, un droit de 0 fr. 23 c. 0/0 décime compris; 200 hectares loués pour quinze années, sur le pied de 60 fr. l'hectare, exigeront donc de l'agriculteur un impôt de 450 fr. Réparti sur la durée du bail, cet impôt est modeste et nous ne le citons ici que pour mémoire.

Même observation, s'il s'agit pour l'agriculteur d'emprunter : le fisc est là encore qui vient augmenter, par ses droits l'intérêt, annuel à servir.

Impôt foncier, prestations, centimes additionnels. — Ces trois sortes d'impôts prélevés par l'État, les départements ou les communes, et qui sont acquittés par l'agriculteur, sont considérablement augmentés depuis 1852 (2) : le prélèvement de l'État, est en apparence resté le même : En apparence, disons-nous, car une partie des dépenses qui incombent à l'État telles que routes et prisons, ont été souvent transportées au département, et nous connaissons telle route, qui d'impériale a été classée départementale : de là pour le département l'augmentation et les difficultés du fameux fond commun : maintenir la perception, et reporter aux centimes additionnels ce qui devrait être payé par le principal, n'est-ce pas en réalité augmenter ce principal lui-même.

Quant aux prélèvements du département et des communes, ils se sont accrus, et ils s'accroissent chaque jour en raison des travaux de toute sorte entrepris, tels que mairies, églises, presbytères, écoles pour les communes rurales, colléges, séminaires, palais de justice, prisons pour le département; tous travaux dont l'utilité concerne le grand cultivateur dans une bien plus faible proportion que les autres habitants urbains ou manufacturiers, et dont, pourtant il paie la plus forte part; puisque la répartition est faite, non sur l'intérêt qu'on en retire, mais sur l'estimation du revenu de l'immeuble. Il se trouve donc, le plus souvent, que l'agriculteur qui exploite la plus grande partie du territoire d'une commune rurale, paie la plus grande partie des dépenses lui étant d'une utilité très relative, dépenses votées le plus souvent par le propriétaire de maison qui, en proportion profite plus et paie moins. Ces centimes additionnels

(1) Les adjudications devant les chambres des notaires présentent journellement cet anomalie.

(2) Le budget de 1867 porte le chiffre de cette contribution à 323 millions. Rien que sur les *dépenses extraordinaires* départementales, l'augmentation est de 18 millions. Portées au budget de 1853 pour 18 millions, elles figuraient à celui de 1865 pour 36 millions.

sont encore augmentés par la dépense exigée par les routes : ici la viabilité étant la richesse du cultivateur, il est juste qu'il prenne sa large part de contribution.

Voici dans quelle proportion et sur quelles bases ces impôts ont été augmentés depuis 1852; nous prenons comme type cinq communes rurales du département de Seine-et-Oise, Seine-et-Marne et Aisne.

1° Commune imposée en 1852 sur	0 fr. 23,	paie en 1865,	0 fr. 40.	Total par hect.	16 fr. 60
2°	—	0 » 32	—	0 » 41.	—	15 » 30
3°	—	0 » 41	—	0 » 50.	—	14 » 25
4°	—	0 » 16	—	0 » 32.	—	11 » 50

La moyenne est donc de 14 fr. 40 par hectare d'impôts annuels; d'après ces bases, telle exploitation qui payait 1900 fr. d'impôts en 1852, paie aujourd'hui une somme de 2600 fr.; près d'un tiers en sus.

Ainsi l'État, qui absorbe déjà le fond lui-même tous les vingt ans, en vertu des droits de mutations, prélève encore annuellement tant en son nom qu'au nom du département et des communes une somme de 15 fr. environ par hectare loué 60 fr., c'est-à-dire le quart du revenu (1). L'impôt n'est-il pas dès lors excessif, et une plus équitable répartition ne devrait-elle pas être faite en cherchant :

1° A reporter des centimes additionnels sur les constructions urbaines dont l'impôt, tout en ayant augmenté sensiblement, a été loin de suivre la proportion des bien ruraux, eu égard au revenu. En effet, tandis que dans les campagnes, l'impôt représente le quart du revenu brut, souvent même plus, dans les villes, il ne représente qu'un quinzième de ce même revenu brut. N'y aurait-il pas dès lors un équilibre à rétablir.

2° A reporter sur la fortune mobilière, qui n'a que quelques charges indirectes à souffrir, portion de cet impôt foncier qui vient écraser l'agriculture.

3° A restreindre enfin, ce qui vaudrait encore mieux que de nouvelles charges à créer, les dépenses somptuaires et inutiles : par exemple, les lourdes contributions de l'État aux embellissements des villes, les centimes communaux, destinés au même emploi; ou encore le contingent militaire : avouons-le, toutefois, nous avons peu de croyance dans un pareil enraiement si nécessaire : les projets belliqueux comme les idées de bâtisse luxueuse ont pris un tel développement que le gouvernement a bien de la peine à résister au courant qu'il a lui-même créé.

Impôts indirects. — Après avoir payé à l'État la valeur du fond, puis un quart de la rente annuelle, l'agriculture n'est pas au bout de ses charges : elle a encore à payer indirectement sur ses principaux produits (sans compter ceux, comme le tabac, par exemple, dont la production, en

(1) Dans la séance du Sénat du 8 mars 1866, M. le baron de Vcauco, estimait, d'après les chiffres de la statistique, ici d'accord avec nos propres calculs particuliers, le montant de l'impôt foncier à 29 pour 100 du revenu; nous arrivons, nous, à 25 pour 100.

présence d'un monopole fiscal qui rapporte à l'État 236 millions, est complétement prohibée), les alcools, le vin, les cidres, les poirées, la bière, produits de la vigne, des fruits à pépin, de la betterave, de l'orge, supportent un droit énorme de 91 fr , 8 fr. et 4 fr. 50 : en ne citant que le vin, ce droit de 8 fr., compliqué encore de droits de circulation, timbres, passe-debout et octrois, que nous ne calculons pas ici, équivaut pour le Midi de la France souvent à 200 pour 100, pour nos départements de l'Est et du Nord à plus de 30 pour 100, de la valeur vénale. Cet impôt écrasant produit, il est vrai, plus de 225 millions à l'État (1).

Quant à la betterave, l'impôt cache son caractère fiscal sous le manteau de la protection : protection pour nos colonies, protection pour notre marine marchande. Droit fiscal ou non, il n'en est pas moins vrai que les agriculteurs, qui ont monté distilleries ou sucreries, après avoir extrait la matière saccharine et conservé les pulpes comme précieuse nourriture de leurs bestiaux, lorsqu'ils font sortir leur sucre de leurs magasins, ont à payer tout d'abord aux agents du fisc, qu'ils sont obligés de loger, et qui tiennent leurs propres marchandises sous clés, la somme exorbitante de 0 fr. 45 c. par kilo fabriqué et non encore vendu.

En prenant, comme rendement moyen 50 kil. de sucre par 1,000 kil. de betteraves, et 25,000 de ces dernières par hectare, on voit que l'État prélève sur les produits d'un hectare une somme de 550 fr., et que sur les hectares cultivés en betteraves, les prélèvements de l'État se montent à 46 millions (2).

Ainsi, droits énormes sur les boissons comme sur les sucres. Que ces droits soient utiles au trésor public, il n'y aucun doute; mais qu'ils soient écrasants pour l'agriculture, c'est une vérité encore moins contestable.

Aussi, que voyons-nous dans le Nord, dans l'Aisne surtout, qu'on nous présente comme donnant essor à un nombre énorme de sucreries prospères? Les agriculteurs forment, par association, des usines saccharifères : la faillite ou déconfiture survient, et ce n'est presque toujours que la seconde société qui peut vivre, ayant racheté à vil prix l'outillage de la première, complétement ruinée par l'exagération de droits montant à 50 pour 100 du produit brut; ne laissant que 50 pour 100 pour couvrir les frais d'acquisition, de fabrication, d'établissement et d'amortissement.

Nous le répétons, que l'on compte les faillites, déconfitures, et l'on cessera de parler de prospérité dans la culture d'une plante indispensable à toute culture intensive.

C'est cette raison qui empêche cette culture et cette industie de s'éta-

(1) Budget de 1867... droit sur les boissons, 225,523,000 : les impôts réunis des boissons, du sucre indigène et des tabacs représentent un chiffre de 598,088,000 fr., presque un tiers de tout le budget ordinaire.

(2) Budget de 1867..... « 106,977,000 kilos, devant produire, au taux de 42 à 44 fr. les » 100 kilos, une somme de 46,000,000 fr.

blir dans la Brie, où elles rendraient d'éminents services à l'élève du bétail par la production des pulpes, aussi bien qu'au rendement des céréales, par la culture des plantes sarclées.

Droits fiscaux et douaniers. — Pour exploiter la culture, l'agriculteur a besoin d'agents de production, les engrais; d'agents de conservation ou de nutrition pour les bestiaux, le sel, si utile dans les bergeries, comme stimulant, si indispensable aux pailles et fourrages compromis par les années humides, et auxquels il faut rendre la saveur : il a encore besoin de tous les instruments multiples, depuis la simple pelle ou fourche de bois jusqu'à la machine mécanique : or, tous ces objets, l'impôt vient encore directement, comme pour le sel, indirectement par des droits de douane, des prohibitions même, les frapper, et renchérir ainsi volontairement le travail du cultivateur, en imposant sciemment les outils mêmes qui font sa force.

La simple nomenclature des droits portés au tarif de 1866, est assez éloquente par elle-même pour que nous nous dispensions de la moindre réflexion.

Sel (1)	10 fr.	par 100 kilos.
Engrais (surtaxe de pavillon)	0 » 50	—
Guano	1 » 80	—
Café (2)	50 »	—
Faïences grossières	53 »	—
Instruments aratoires :		
Faux, Socs de charrue, Bêches	128 » 50	—
Faucilles	86 » 50	—
Fourches de bois, Pelles, Boisseaux, Fléaux	4 » 40	—

(1) Le sel, si indispensable, comme nous l'avons reconnu, aux troupeaux, est un produit à peu près sans valeur en lui-même : en effet, le producteur, pour sa peine prélève :

	1 fr.	par 100 kilos.
Le commerce et les transports	4 »	—
L'État	10 »	—
TOTAL	15 fr.	

Il avait été question d'affranchir de cet impôt l'agriculture, en teintant le sel qu'elle emploierait, comme cela se fait en faveur des fabriques de soude, en vue de la concurrence étrangère. L'agriculture qui a, au même titre, cette concurrence à redouter, n'a pas été jugée digne de cette égalité dans la faveur.

(2) Le café forme, transformé en boisson légèrement teintée, l'unique remède, pendant les fortes chaleurs de la moisson, contre les fièvres et les réactions transpiratoires : cette boisson employée aussi bien en Afrique qu'en Hollande, est, en considération de son prix, complétement inconnue en France pour l'usage des champs.

Tarares	6 » (Tarares à Machines à drain)
Semoirs	
Batteuses	
Charrues	
Rouleaux	
Hache-paille	
Herses	
Machines à drain	
Charrettes	15 0/0 de leur valeur.
Tombereaux	
Sacs de toile	60 fr. les 100 kilos.
Drains	0 » 50 —
Tuiles	10 » —
Tuiles faitières	25 » —
Chevaux :	
Un cheval	25 » par tête.
Un mulet	15 » —
Un bœuf	3 » —
Harnais commum	Prohibée.
Sellerie grossière	

Ainsi, sans ces droits fiscaux, le sel serait vendu 5 fr. au lieu de 15 fr. les 100 kilos : une charrette de ferme pourrait être vendue 210 fr. de moins, un tombereau, 105 fr., un semoir, 30 fr. : une batteuse locomobile, 350 fr., etc.....

Cette simple nomenclature, nous le répétons, n'a pas besoin de commentaires.

Causes indirectes d'aggravation de charges. — Nous n'avons pas encore, hélas! épuisé les causes de dépérissement imposées par l'État à l'agriculture : il y a encore, en effet, les causes indirectes, résultats immédiats de mesures ou travaux intéressant au premier chef l'agriculture, et que nous allons rapidement passer en revue.

Travaux publics. — Les produits, comme les éléments agricoles, sont matières lourdes et encombrantes : la traction jouant un grand rôle dans le prix des engrais, comme des céréales, fourrages ou racines, le prix sera donc en raison inverse de la plus ou moins grande facilité de cette traction, soit par terre (routes et chemins, et voies ferrées), ou par eau (rivières canalisées et canaux). Voyons si l'agriculture trouve, sur ces voies, toutes les facilités désirables.

Grandes routes et chemins départementaux. — Notre réseau de vastes artères est loin d'être complet, et l'agriculture a encore, en certains départements, en dehors des chemins vicinaux, qui ne sont pas terminés et dont l'entretien surtout, tout en laissant beaucoup à désirer, présente un sérieux problème pour l'avenir, de longs circuits à faire, pour arriver à ses marchés; mais, résultat bien autrement fatal pour elle, l'état d'entretien de ces voies est désastreux.

En principe, une route, une fois créée, a droit, sous peine de destruction, à un double entretien : à un premier entretien annuel destiné à combler les ornières ; à un deuxième entretien de rechargement, destiné à parer à la déformation de la chaussée, et à l'usure générale, qui fait disparaître convexité, égouts des eaux et résistance même du sol empierré. Le premier, aujourd'hui, est exécuté, tandis que le second, présentant une dépense importante, est supprimé et remplacé le plus souvent, par des subterfuges : entre autres par l'abaissement des accotements de terre : dès lors la voie empierrée, au lieu de présenter une épaisseur résistante de 0m.20 à 0m.25, n'en a plus réellement que 0m.05 à 0m.08 : la déclivité est transformée en une surface plane, si elle n'est même concave, et dans laquelle les eaux séjournent. Une route est ainsi perdue et changée en fondrière dès les premières pluies d'automne. Les cultivateurs ne trouvant d'autre alternative que de doubler leurs forces de traction, en chevaux (acquisition, amortissement et nourriture quotidienne venant frapper chaque hectolitre transporté d'un droit énorme); ou, avec la même force de traction, de ne transporter que moitié de la charge ordinaire, et par ce moyen, tout en grevant chaque produit d'une surtaxe très-sensible (1) de s'exposer à de lourds dommages-intérêts à payer pour inexécution dans la livraison des marchés.

Or, cet état inquiétant de nos routes, lorsqu'elles sont établies sur un terrain perméable, n'est pas un fait accidentel, c'est un état général, malheureusement des plus inquiétants pour le pays tout entier, et sur lequel on ne saurait trop appeler l'attention du public. L'argent répandu à profusion pour tout travail neuf et de rectification souvent inutile, et surtout pour tout travail improductif des villes, est refusé, par une malencontreuse idée d'économie à tout travail trop peu apparent de rechargement. Alors l'argent manque (2) ! Voilà l'éternelle réponse de l'ingénieur désarmé.

(1) Une voiture de ferme à trois chevaux, avec son conducteur, représente une valeur de traction pour la journée, de 18 fr., prix de culture : le transport habituel est de 30 hectolitres de blé, ou 500 bottes de paille. Si, par suite de l'état des routes, le chargement est réduit à 15 hectolitres, ou 300 bottes de paille, cette réduction se traduit en une perte de 0 fr. 30 c. par hectolitre, et de 2 fr. 65 c. par 100 bottes.

	EN 1866.	EN 1867.
(2) Budget de 1867. Routes impériales : dépenses d'entretien.	24,500,000	24,500,000
— — grosses réparations.	4,500,000	4,000,000
Contributions de l'État pour entretien de Paris	4,000,000	4,000,000

Ainsi les dépenses de grosses réparations n'atteignaient, pour ces grandes routes, que la somme dérisoire de 4 millions 1/2, et elles vont encore être diminuées : Paris absorbera en part contributive d'entretien d'État la même somme que les grosses réparations pour toute la France. Devant l'embarras bien légitime que prouvent ces chiffres, le budget de 1867 est muet, contrairement à ce qu'il a fait pour les rivières, sur le nombre de kilomètres que nos routes représentent, et la part attributive à chaque kilomètre dans cette somme dérisoire : même observation pour les budgets départementaux ; le fonds commun s'accroît en présence de l'accroissement des routes, et devient même un embarras sérieux ; les routes ne sont plus entretenues, elles se perdent, faute de fonds !

N'avons-nous pas vu, par exemple, nous autres habitants de la Brie, tous les centres de production agricole échelonnés sur la route d'Allemagne, jusqu'à Meaux, privés à peu près de communication avec Paris pendant près de deux ans, malgré pétitions sur pétitions restées sans effet, et cet état désastreux provenait de la défonce de cette grande route, sur le parcours du département de Seine-et-Oise : cette route magistrale, qui commençait orgueilleusement entre les colonnes triomphales de la barrière du Trône, se terminait, peu après Vincennes, par une déplorable fondrière ! Cet état, disons-nous, est général, nous n'avons qu'à nous reporter, comme preuve, au discours prononcé par M. Rouland, président du conseil général de la Seine-Inférieure, lors de la session de 1865 : on y entendra un cri d'alarme sur l'état de nos chemins... « Les ingénieurs consultés, y est-il dit, ont déclaré que les économies faites sur les rechargements doivent s'arrêter, et que ces chemins sont arrivés *à leur extrême limite d'épaisseur.* »

Cette question est grave, elle intéresse l'agriculture tout entière, car d'un jour à l'autre, ces fausses économies auront pour conséquence, ou de doubler les frais de traction, d'arrêter même toute circulation ; ou de demander à l'impôt, et encore à l'agriculture, par conséquent, des surtaxes qui se solderont par centaines de millions, et cela en pleine paix.

Chemins de fer. — Comme les routes ordinaires, notre réseau ferré, surtout celui qui correspond aux routes départementales, est encore bien incomplet : ces chemins, tous mis sous la tutelle de l'État, apportent leur part de dommage à l'agriculture, à un double point de vue.

1° Par la cherté des tarifs du transport, cherté maintenue par l'impôt du dixième que l'État vient encore prélever sur la traction des marchandises, dont on pourrait facilement les décharger, en maintenant l'impôt sur les seuls voyageurs en compensation de la garantie d'intérêt supportée par l'État ;

2° Et surtout par l'établissement autorisé par l'État de cette singulière anomalie que l'on nomme *Tarifs différentiels ;* système utile sans doute au point de vue de l'exploitation du réseau; produit de la libre concurrence avec l'étranger ; mais injuste et désastreux au point de vue du producteur français, en vertu duquel l'État permet au chemin de fer de réduire considérablement les droits en faveur de l'étranger, qui peut prendre un autre chemin, de les maintenir, au contraire, invariables pour le producteur français qui ne peut s'adresser à d'autre transport qu'au grand monopole auquel il est livré; système enfin qui, dans ses conséquences pratiques, nous montre l'Anglais expédiant son blé à Bade à un prix moins élevé que le Français l'expédiant du Havre à même destination; ou encore l'Allemand de Kehl expédiant plus économiquement que le Français de Strasbourg son houblon à Londres ; système singulièrement défavorable à l'agriculture française, se résumant en abaissement considérable de droits, lorsqu'il y a plus de parcours à faire, du moment qu'il s'agit de produits étrangers ! Et pourtant cet abaissement de droits, avec augmentation de longueur de parcours, a produit encore 1,200,000 fr. de bénéfices nets à la Compagnie de l'Est (1).

S'il y a bénéfices aussi beaux dans l'abaissement des droits correspondant à une augmentation de circulation, laquelle, passé une certaine limite dans la traction, se solde presqu'entièrement en profits (2) ; que ne suit-on le même système vis-à-vis du producteur agricole français, grevé sur les chemins de fer français de frais de transport et d'impôts onéreux ?

Canaux. — L'abaissement si désiré des frais de transport des matières encombrantes, la canalisation des rivières, depuis longtemps réclamée et formellement promise, l'obtiendrait par le fait de la libre concurrence, de même qu'il a été obtenu, au profit des Allemands ou des Anglais, par la libre concurrence des voies étrangères mises en opposition des voies françaises. Pourquoi cette absence prolongée d'exécution ; pourquoi cette lenteur si funeste à l'agriculture (3) qui voit certains de ses produits, tels que les foins et surtout les pailles, rendus d'un transport onéreux, sinon même prohibé, par suite des chances d'incendie jointes au volume du chargement ; ce que les chemins de fer ne peuvent faire, les canaux le feraient ; pourquoi donc beaucoup de nos canaux manquent-ils encore d'uniformité dans leur largeur et leur tirant d'eau aux écluses, défaut capital qui empêche un bateau de pouvoir circuler, à l'exemple d'un wagon, uniformément sur tout le réseau fluvial ; pourquoi toute une ligne terminée et entretenue à grands frais, est-elle rendue inutile par l'inexécution d'une faible section ? Tout cela dépend de l'État ; pourquoi, dès lors, n'est-ce pas exécuté avec l'argent même que l'agriculture verse chaque année, par flots, dans les coffres de l'État, surtout lorsque cette exécution a été formellement promise par un discours impérial, qui posait en principe... « que l'amélioration des campagnes vaut mieux que la transformation des villes ; » vérité toute théorique à laquelle la pratique s'est appliquée à donner un formel démenti.

Contingent militaire. — L'argent prélevé en grande partie sur l'agriculture et répandu avec parcimonie sur nos voies de circulation, afflue, au

(1) Séance du Corps législatif du 16 avril 1866. M. Aug. Chevalier. « Il y a ici un administrateur de la compagnie qui dit que le bénéfice a été de 1 million 200,000 fr. nets. » (Bruits divers.)

(2) Même séance : M. Emile Péreyre... « Le total des frais généraux de transport s'élève en moyenne à 35 pour 100 de la recette. Toute addition de transport au delà de ces 35 pour 100, n'aggrave que les frais d'exploitation, et ne grève la compagnie que de 15 pour 100 de dépenses... Les frais généraux, indispensables sont donc fixes, quelle que soit la circulation, les frais d'exploitation varient. »

(3) Exemple : une section de canalisation de la Marne d'une longueur de 8 kilomètres, terminée, comme terrassement dès 1848, ne vient d'être livrée à la circulation qu'à la fin de 1865 ; 16 ans d'inaction !

contraire, lorsqu'il s'agit de l'armée, dans laquelle chaque homme représente, en moyenne, une dépense de 1,000 fr. par an, soit 600 millions pour 600,000 hommes.

L'agriculture, avons-nous dit, manque de bras et les paie plus cher pour faire moins de besogne ; c'est là une conséquence directe d'abord de l'appel des forces vives dans les villes, et en second lieu de l'appel annuel de 100,000 hommes sous les drapeaux, prélèvement de la plus saine, la plus jeune et la plus active partie de la population. De là ce temps d'arrêt dans l'augmentation de la population, signe indiscutable d'une souffrance sociale inquiétante dans la vie d'un peuple.

Le cultivateur veut-il affranchir ses enfants de cet éloignement hors de ses foyers et de sa culture, le nouveau système, plus favorable peut-être à la composition de l'armée par la formation de corps de vétérans faisant du métier des armes un véritable état, a fixé à un chiffre variant de 2,100 fr. à 2,500 fr. le droit à l'exonération militaire, chiffre énorme qui, dans l'ancien système des Compagnies, auxquelles l'État s'est substitué, n'atteignait jamais que 1,200 fr. à 1,500 fr., alors le nombre des conscrits n'était que de 80,000, ce qui suffisait parfaitement à toutes les exigences de la défense nationale (1).

On conçoit parfaitement que, plus l'habitude des exonérations se développe, plus il y a de primes versées. Ces primes sont calculées au budget de 1867 pour une somme totale de 49,600,000 fr., dont l'agriculture paie plus des 4/6 ; l'État a donc intérêt à développer le nombre des appelés, et dès lors, le chiffre de 100,000 hommes offre plus de chances d'exonération que celui de 80,000 ; mais aussi les souffraces de l'agriculture augmentent soit, par la privation de bras si utiles, si l'on ne s'exonère pas, soit par l'absorption de capitaux, fruits souvent de longues et difficiles épargnes.

En vain a-t-on cru remédier à l'inconvénient du manque de bras, en renvoyant dans leurs foyers une partie des conscrits ; ceux-ci, frappés pendant sept ans ans d'interdiction de mariage, voués, par conséquent, à un célibat regrettable à tous les points de vue, n'ayant aucun avenir assuré, vivant au jour le jour, rapportent au village tous les défauts du soldat, mœurs relâchées et habitudes d'intempérance, sans en avoir les qualités, l'amour du drapeau et la discipline. Ce n'est donc pas sur eux qu'il faut compter pour relever le travail et accroître la population.

Enlever chaque année moins de conscrits aux campagnes, comptant 25 millions d'habitants contre 11 millions dans les villes, et par suite préle-

(1) Au commencement de la Restauration, le contingent annuel était de 40,000 hommes ; à la fin il fut porté à 60,000 : sous le gouvernement de 1830, il était de 80,000 hommes. Sur le pied de 60,000 hommes, la France avait une armée de 420,000 hommes (effective 375,000) ; avec 80,000 hommes, une armée de 560,000 hommes (effective 500,000). Est-ce donc là une armée de désarmement, incompatible avec la dignité et la sécurité de la France en temps de paix?

ver moins de primes d'exonération serait une mesure salutaire qui dégrèverait l'agriculture d'une des plus lourdes charges en lui laissant la libre disposition de ses plus actifs travailleurs comme de ses plus utiles capitaux.

Nous avons raisonné jusqu'ici dans le cas d'état de paix, que chacun doit sincèrement désirer. Que dirons-nous de la guerre, faisant appel à toutes les forces vives de la nation en bras et capitaux, pour aller déverser les uns comme les autres, souvent sans profit, sur les champs de bataille?

La gloire, sans doute, est une belle chose, mais il ne faut l'administrer à une nation malade d'ambition qu'à légère dose, surtout quand cette nation est essentiellement agricole, à peine de voir aggraver encore les souffrances existantes.

« La France fait la guerre pour une idée, » a dit l'Empereur au début de la guerre d'Italie ; « la France ne doit entreprendre une guerre que pour défendre son territoire menacé ou venger son honneur, » a-t-il été dit plus tard dans un nouveau discours impérial ; entre ces deux aphorismes, le second, nous ne le cachons pas, a seul nos sympathies, voyant avec consternation la nation se lancer dans une guerre européenne dont la naissance est limitée, mais les conséquences inconnues. Une guerre peut avoir, à son origine, comme but limité une idée généreuse de voisinage, voire même une rectification utile de frontières; mais cela peut avoir aussi des résultats illimités, aussi dangereux pour notre avenir politique que mortels pour l'agriculture compromise, non moins par les charges qui vont de nouveau peser sur elle que par l'oubli même de ses propres réclamations qui, dès aujourd'hui, doivent céder le pas aux idées belliqueuses. Répétons donc avec l'Empereur : « la France désire la paix... la guerre « ne se fait pas par plaisir... malheur à celui qui le premier donnerait en « Europe le signal d'une collision dont les conséquences sont incalcu« lables. »

Vente des forêts domaniales.— Les grandes forêts ont une liaison intime avec l'agriculture :

1° Par leur feuillage, elles absorbent les gaz d'hydrogène carboné et délivrent des fièvres paludéennes les populations agricoles. La Sologne, jadis salubre, devenue depuis inhabitable, par suite du déboisement, reprend sa salubrité première par les nombreux reboisements particuliers tentés depuis cinquante ans. La campagne de Rome, malheureusement encore déboisée, en est une nouvelle preuve;

2° Par cette accumulation de hautes branches chargées de feuillage, il se passe un phénomène curieux : les branches, par l'écorce, s'échauffent en s'emparant d'une partie de la haute température du jour et la font baisser; puis, le soleil couché, les feuilles rendent à l'atmosphère subitement refroidie, la chaleur absorbée précédemment par l'écorce. Admirable instrument destiné à modérer et corriger la température, à prévenir les orages désastreux qu'ont à subir les pays dépourvus de cette richesse forestière. Enfin, par leurs vastes massifs, les forêts arrêtent les trombes, s'opposent à la marche des ouragans et des grêles après en avoir combattu en partie la naissance. L'influence climatérique des grandes forêts est si bienfaisante et si évidente que, tandis que la vigne ne peut vivre et fructifier en Bretagne ou même en Normandie qui reçoivent, sans modifications, les vents venus d'Amérique, sa culture s'étend au contraire plus au Nord, dans la Champagne, les Ardennes, les bords de la Meuse et du Rhin, la Belgique et presque dans la Campine, protégée et favorisée qu'elle est par les vastes massifs des forêts du Rhin, des Ardennes et du Brabant.

3° Par leurs racines enfin qui s'enfoncent dans le sol et par leur épais feuillage qui les recouvre, elles ont, sur le régime des eaux, une action puissante. Les eaux de pluie ou d'orage, loin de courir en torrents dévastateurs par les moindres ruisseaux jusqu'aux rivières qu'ils font subitement déborder, s'infiltrent alors par chaque pivot, par chaque racine jusque dans le sol; elles sont encore maintenues et comme couvées précieusement par le feuillage épais s'opposant à l'évaporation. Cette eau est conservée ainsi et rendue à la surface par d'innombrables sources indispensables à l'abreuvement des troupeaux comme à l'irrigation des végétaux. Partout où il y avait des ruisseaux, comme en Picardie, dès que ces forêts ont disparu, les ruisseaux ont fait de même, le lit seul existe aujourd'hui, et la citerne n'est qu'un triste et incomplet palliatif contre la sécheresse qui, les années dernières, a apporté tant de mortalité dans les troupeaux.

De si indispensables qualités semblent aujourd'hui méconnues et sacrifiees à des nécessités annuelles du budget. A défaut de revenus suffisants, en présence plutôt de dépenses toujours croissantes, on veut sacrifier cet instrument si indispensable à l'agriculture. La richesse domaniale de la France s'élevait en 1815 à 1,517,297 hectares que la vente des biens nationaux avait religieusement épargnés en 1790. Le premier empire légua à la Restauration les frais de l'invasion et les traités de 1815, tristes conséquences des revers amenés par trop de gloire; 168,827 hectares de forêts furent alors aliénés au prix moyen de 708 fr. l'hectare. La monarchie de 1830, plus libre dans ses mouvements que la Restauration, en présence de nos frontières du Nord démantelées ou insuffisantes, après nous avoir couverts, en grande partie, par la création du royaume de Belgique, première et importante annulation des traités de 1815, voulut encore, par la reconstruction d'une double ligne de places fortes, « entre la « Belgique et le Rhin, » selon les expressions mêmes du rapporteur de la loi d'aliénation de 1830, « garantir nos frontières et assurer notre indépendance et nos libertés. » A ce travail national fut affectée l'aliénation de 118,167 hectares vendus au prix moyen de 967 fr. Enfin, le gouvernement actuel, sous la pression des nécessités budgétaires, après avoir déjà aliéné, de 1852 à 1856, 47,084 hectares (forêts de Vernon, de Roseaux, d'Ivry, de Bondy) au prix moyen de 939 fr.; puis en 1860, 21,733 nouveaux hectares, au total, 68,817 hectares, songe encore à continuer ce fâcheux système. Un premier projet d'aliénation montant à 100 millions fut présenté en 1865 et retiré au début de la session devant le sentiment pénible qu'il faisait naître ; il se représente de nouveau fractionné et sous la forme plus modeste, sinon plus tranquillisante d'une aliénation annuelle, montant à 6 millions par an pendant un temps indéterminé (1).

C'est ainsi que des massifs très-importants sont appelés à disparaître; quelques cultures limitrophes pourront y gagner, grâce à la disparition de l'ombrage et du gibier, mais des cantons entiers devront être compromis à tout jamais dans leur température modifiée, comme dans leur sol desséché, à l'exemple de la Grèce, de l'Asie-Mineure ou de la Palestine, pays qui, entre les mains des Turcs et par le déboisement, ont échangé leur antique fécondité contre une aride stérilité.

Et pourtant, une pareille destruction ne peut rendre, le plus souvent à l'agriculture, que des terrains impropres à cet usage, comme déclivité ou composition de sous-sol rocheux; terrains que nos pères avaient été assez intelligents pour convertir ou simplement conserver en essence forestière; ils ne donneront pendant quelques années que de chétives récoltes obtenues par l'humus accumulé provenant des débris ligneux; cet humus une fois consommé, il n'y a d'autre ressource, comme nous en avons personnellement acquis l'expérience dans le Soissonnais, que de resemer en bois ces terrains défrichés avec une fougue irréfléchie.

Ajoutons enfin que par une telle opération, ce n'est pas l'État qui vend à vil prix ; ce n'est pas l'agriculteur qui s'y ruine ; ce n'est pas l'acquéreur sérieux qui achète sur ce prix des premières récoltes trompeuses ; c'est uniquement le spéculateur qui sait détruire les futaies séculaires, et se débarrasser à temps de la surface.

Chaque jour le gouvernement prêche, par l'organe de ses administrateurs, dans les concours agricoles, le besoin de recourir à l'élève des bestiaux, et, par conséquent, au développement des prairies naturelles ; et

(1) Budget de 1867.

DÉPARTEMENTS.	NOMS DES FORÊTS.	CONTENANCES.
Loiret	Orléans	830 hect.
	Montargis	150
Nord	Saint-Amand	200
Jura	Grand-Bois	157
Haut-Rhin	La Hart	2,000
	Saint-Raphaël	511
	Palaisons	635
Var	Estérel	500
Aube	Clairvaux	5
Contenance totale des forêts à aliéner pour 1867		4,985 hect.

c'est en présence de tels conseils, que l'on détruit les agents les plus précieux pour les prairies ! Pays sans forêts est un pays desséché, impropre à tout jamais aux prairies naturelles ; c'est là une première inconséquence : au moment, enfin, où la production des céréales augmente, tandis que la population reste stationnaire, cause inexacte, selon nous, que les organes du gouvernement donnent uniquement aux souffrances actuelles, l'on va, chaque année, rendre à l'agriculture 5,000 hectares de terrains impropres aux prairies, destinés à la production trompeuse des céréales. C'est encore là une nouvelle inconséquence.

Ajoutons enfin, à un autre point de vue, en dehors de l'agriculture proprement dite, bien que l'intéressant indirectement, que l'épuisement des couches de houille arrivera en 150 à 200 ans au maximum (1). Si l'on détruit les bois, qui ont besoin de ce temps pour se créer, à quel combustible, à quelle matière de construction s'adressera-t-on ? Encore une nouvelle inconséquence. On n'aperçoit aujourd'hui qu'une simple question budjétaire, quand il s'y cache au contraire les plus graves questions agricoles et économiques pour l'avenir de notre pays.

Ainsi donc, disparition presque assurée de la vigne dans l'Est et dans le Nord ; conséquences désastreuses pour la floraison comme pour la maturation des céréales et plantes oléagineuses ; disparition des prairies naturelles, et cours d'eau d'irrigation ; débordements subits ; sécheresse prolongée ; fièvres paludéennes ; fertilité remplacée par l'aridité d'une nouvelle Sologne factice (2) ; telles sont les tristes conséquences de la destruction de nos forêts domaniales ; legs précieux fait par nos pères à notre génération trop avide du présent, trop oublieuse de l'avenir.

Entraves administratives. — Nous ne pouvons nous dispenser, après avoir indiqué combien l'État, tantôt par des travaux qu'il n'exécute pas (canaux, routes, chemins de fer, entretiens), tantôt par des mesures, au contraire, qu'il exécute (impôts, contingent militaire, travaux des villes, défrichement des forêts), assume sur lui de responsabilité dans les souffrances de l'agriculture ; nous ne pouvons, disons-nous, nous dispenser de parler des mesures administratives *centralisées*, venant encore entraver, de toutes façons, la liberté de l'agriculteur. Administrer un pays, en principe, c'est réunir les intérêts collectifs des citoyens associés et en déléguer la gestion à des directeurs gérants, chargés de veiller et de diriger le fonds commun dans l'intérêt de chacun. En est-il ainsi dans la pratique ? Hélas, non ; l'administrateur scinde en deux la théorie et la pratique : il se sépare alors de l'administré. Il est fait pour commander ; l'administré, son inférieur, pour obéir. Bien plus : chaque administration cherche à se

(1) Une enquête nationale vient d'être ordonnée en Angleterre sur ce sujet important.

(2) Voir sur ce point l'énergique protestation du conseil général du Loiret menacé, cette année, de voir disparaître toute la forêt d'Orléans ; puis, concernant le Haut-Rhin, la pétition de la Société d'agriculture de Nancy, adressée au Sénat en 1865, puis le vœu formulé récemment par les conseils généraux de la Meurthe et des Vosges.

créer une existence distincte, à devenir personne morale indépendante de sa voisine, à lutter même avec elle, par rivalité ou antagonisme. Puis la centralisation puissante, brochant sur le tout, vient encore augmenter difficultés et lenteurs, et rendre impossibles, ou trop coûteux, les moindres travaux ou modifications tentées par l'agriculteur.

Veut-on ouvrir ou seulement curer un fossé d'écoulement, planter, abattre ou élaguer des arbres? administration des ponts et chaussées, administration départementale, administration des domaines, se trouvent en opposition d'alignement, souvent en contestation de propriété ; la seule manière d'en sortir, c'est de ne rien faire ou d'interrompre tout travail. Veut-on exécuter ce que nous conseillons à propos des fumiers et établir dans chaque village des urinoirs sur la voie publique, si cette voie publique est une route classée quelconque, on peut se figurer de suite toutes les lenteurs et les entraves qu'un projet, si utile à tous les points de vue d'hygiène et de production, va rencontrer? Veut-on irriguer une prairie, profitant d'un cours d'eau inférieur, au moyen d'une roue motrice à augets, d'un emploi si peu coûteux et si utile, droits à payer et difficultés surgissent de toute part; on fait valoir bien haut l'intérêt général, qui n'est nullement en cause, contre un simple intérêt individuel isolé; et le projet doit être abandonné. Veut-on enfin profiter d'un cours d'eau supérieur, en lui faisant traverser une route? ici encore des impossibilités administratives se dressent de tous côtés, et, lorsqu'au bout de plusieurs années, les autorisations, de cascades en cascades, après avoir passé par les bureaux des sous-préfet, préfet, conducteurs, ingénieurs particuliers, ingénieurs en chef, sans parler des commissions ni même, dans plusieurs cas, des bureaux ministériels de Paris, arrivent enfin sans être autre chose, en définitive, que le premier projet du conducteur, premier échelon de cette longue hiérarchie, qui a seul rédigé, sur place et *de visu* cette autorisation, contresignée avec un tel luxe de signatures et de temps perdu; alors l'exécution en est tout simplement impraticable : ponceaux, massifs de radier, hauteur de clefs de voûte, cintre, épaisseur de voûte, épaisseur même d'empierrement, ensemble monumental, mais peu pratique, donnent une telle profondeur au radier, au-dessous du sol, qu'il faut abandonner toute idée d'irrigation, quand un simple cassis à fleur de terre pouvait si facilement, à si peu de frais et en si peu de temps, rendre un service signalé. Ce cassis mettrait-il donc en péril la sécurité des voitures ou piétons; compromettrait-il la solidité de la route ou la viabilité? Il faut le croire; car, nous le déclarons, nous n'avons pas vu encore, en France, l'irrigation se servir de ce moyen si simple.

Et pourtant, en Lombardie, que nous avons visitée, pays qui donne l'exemple à l'Europe entière pour ses irrigations, on n'en agit pas autrement. Cette plaine immense, disposée en éventail au pied des Alpes, inclinée vers la mer, composée d'un sol siliceux, débris des éboulements des montagnes, serait, sans eau, d'une aridité complète. Les habitants se sont emparés de tous les torrents dévastateurs, et, les brisant et ramifiant en mille cours d'eau bienfaisants, ils les font circuler, sans aucune opposition d'ingénieurs, et aux yeux étonnés du Français voyageur, peu habitué à une aussi paternelle administration, dans les fossés mêmes de la route, qui servent de collecteurs. S'agit-il de passer de droite à gauche, les routes ou chemins de fer sont irrévérencieusement traversés, soit à niveau sur un simple cassis, soit à hauteur par un tronc d'arbre creusé, supporté par deux arcs-boutants *placés sur la voie publique*.

Que nos administrateurs, à l'exemple de l'Autriche, en Lombardie, ne traitent plus l'agriculteur seulement comme un administré, mais comme un producteur essentiel de la fortune publique ; qu'ils le regardent comme ayant, à titre d'être collectif composant la société, droit à une portion de ce domaine public qui appartient à tous et non à l'administration, à la seule condition de ne pas nuire aux autres; que l'administration, enfin, se considère moins comme un corps distinct, personne morale opposée à tout intérêt particulier, que comme le défenseur de cet intérêt même; qu'on décentralise enfin ce service, et que le conducteur des ponts et chaussées, par exemple, seul et unique auteur des projets secondaires, s'adjoignant au maire, rendu responsable par l'élection, soit, en dehors de tout travail d'art important, chargé de régler promptement et à peu de frais toutes ces questions pratiques d'alignements, de plantations, de fossés, d'irrigations, de prises d'eau intéressant à si haut point l'agriculture (1).

Libre échange. — Nous venons de voir que l'agriculture payait à l'État, comme assurance de gestion et de protection, des tributs de toute sorte : impôt de mutation, impôt de location, impôt foncier, centimes départementaux, centimes communaux, prestations en nature, impôts indirects sur les boissons et sur le sucre, impôt de circulation sur les chemins de fer comme sur les canaux, impôt du service militaire, se transformant en impôt d'exonération, enfin impôt d'octroi. Nous venons, en outre, de la voir tenue en lisière par la centralisation administrative, entravée par l'insuffisance des chemins de fer et des canaux dont l'exécution a été formellement promise, mais non pratiquée, et surtout par l'état désastreux des simples routes, menacée enfin, sur de vastes périmètres, par le défrichement des forêts : voilà sa position à l'intérieur vis-à-vis de l'État.

En compensation de tous ces sacrifices, se trouve-t-elle protégée au moins à l'extérieur ? Loin de là, elle est encore, de ce chef, écrasée de nouveau : tout est *protégé*, hormis elle : les engrais sont grevés de droits pour *protéger* la marine marchande ; les produits, la betterave par exemple

(1) Tout dernièrement, le *Moniteur* a annoncé que l'administration des ponts et chaussées était invitée à étudier la question générale des irrigations ; espérons que les graves inconvénients que nous signalons seront alors discutés et résolus dans le sens libéral suivi en Lombardie.

convertie en sucre, sont frappés d'un droit de 750 francs par hectare, pour *protéger* la production coloniale, et encore *protéger* la marine marchande chargée des transports; les instruments aratoires, depuis le plus petit jusqu'au plus perfectionné, sont frappés de droits énormes à l'entrée, pour *protéger* l'industrie, depuis le faïencier jusqu'à l'usine métallurgique. Chose bizarre même : ce sont les outils les plus usuels, les faux, les socs de charrue, les bêches qui sont frappés de droits presque prohibitifs, 128 fr. 50 cent. par 100 kilogrammes. L'agriculteur ne peut se procurer du sel, si nécessaire à sa production de viande, qui est frappé de lourds droits, tandis que le manufacturier de soude, *protégé*, en présence de la concurrence étrangère, ne paie aucuns droits. L'agriculteur, lui aussi, ne serait-il pas, par hasard, placé en présence de cette même concurrence? Peut-il enfin transporter ses grains, houblons, colzas, laines, en concurrence avec le producteur étranger? La *protection*, toujours la *protection* se retrouve, mais retournée contre lui. Les tarifs différentiels, parce qu'il est Français, placé pieds et poings liés en présence du monopole de transport, réglé par l'État, lui font payer, pour un parcours plus restreint, beaucoup plus de droits que l'étranger. Comprend-on un pareil système de *protection*? C'est, comme on l'a dit, de la *protection* au rebours.

Des droits protecteurs existaient encore, il y a quelques années, pour l'agriculture; mais, devant la grande loi de la réforme commerciale, l'économiste théoricien, libre-échangiste quand même, a fait ce raisonnement: Il faut échanger tous nos produits, librement, avec les produits étrangers. Pour commencer, nous laisserons entrer ces derniers produits, en abaissant les droits d'entrée; quant aux agriculteurs, dont l'entente n'est pas possible, comme dans tant d'autres industries, et dont les plaintes ne sont pas formulées par d'aussi dévoués, d'aussi importants avocats que dans la métallurgie, par exemple, laissons entrer en franchise tous les produits qui peuvent lui faire concurrence, mais réservons avec soin tous les droits qui grèvent ses engrais et ses instruments de travail; prohibons même certains d'entre eux (la sellerie); car nombre d'industries pourraient être atteintes et elles se plaindraient trop haut; protégeons-les encore. L'agriculture, il est vrai, paie cher les instruments; elle n'a pas sa viabilité nécessaire; elle paie même plus cher que l'étranger ses transports; mais qu'importe! on lui donnera en compensation les honneurs des concours agricoles et des discours officiels d'encouragement; n'est-elle pas, du reste, attachée au sol comme une bonne vache à lait? Elle ne peut donc s'enfuir; elle s'en tirera toujours. D'ailleurs, ne se plaint-elle pas toujours et quand même? Ses plaintes ont perdu leur valeur. Laissons donc la protection s'exercer autour d'elle et contre elle; quant à ses produits, plus de protection (1). C'est une expérience à tenter : commençons par elle; les autres industries viendront plus tard.

(1) Il y a bien encore sur les blés seuls, une fantôme de droit de protection de 0 fr. 50

Tel est le système bâtard qu'on a décoré du nom de libre-échange.

En principe, nous le proclamons bien haut, rien n'est plus juste, plus équitable, plus conforme à la liberté humaine que l'échange libre des produits entre nations différentes. Au siècle dernier, chaque province, formant un état dans l'État, avait les barrières, les droits, les prohibitions; l'agriculteur de Picardie, par exemple, ne pouvait aller vendre ses produits en Champagne, lorsque la Champagne les demandait; par contre, il était forcé de les porter dans l'Ile-de-France et à Paris, lors même que la Picardie en manquait. Était-ce là de la liberté de production et de vente? L'épizootie qui sévit actuellement dans le nord de la Hollande, dont nous arrivons, fait encore ressortir cette nécessité dans la liberté des échanges. Tandis que, dans la province d'Utrecht, la viande de veau se paie au détail 4 francs le kilogramme; dans le Brabant, les veaux sur pieds, sains, âgés de 15 jours, ne sont payés que 4 francs pièce. En présence de cet avilissement de prix, les petits cultivateurs, manquant de fourrage, en font du salé. Cette anomalie provient de la prohibition temporaire d'échange de province à province, de ville à ville, en crainte de la propagation de l'épidémie.

Le droit de vente ou d'échange est donc, en principe, aussi vrai, aussi sacré que le droit de puiser de l'eau, que le droit de jouir de la lumière ou que le droit de posséder la propriété; mais, comme tous ces droits, il souffre les exceptions qui viennent confirmer la règle. Je dois payer, comme irrigation, pour m'alimenter auprès d'une rivière; quant à l'eau de mer, il est formellement prohibé d'en emporter le contenu d'un vase. Je puis respirer l'air et jouir de la lumière du soleil, à condition de payer cette faculté par un droit fixe sur chaque ouverture, augmenté d'un droit nouveau proportionnel sur la valeur même de l'immeuble. Je suis incontestablement propriétaire de mon immeuble, à condition que je paierai (en moyenne, bien entendu), tous les vingt ans, à l'État, la valeur de cette propriété; que je serai gêné dans mes droits de plantation, élagage, défrichement, constructions, etc., etc., à condition enfin qu'on pourra m'enlever ce droit à première réquisition pour utilité ou simple agrément public, voire même (ce qui a été soutenu dans des articles de journaux restés célèbres) pour le besoin du prince. Voilà, il faut l'avouer, des droits sacrés singulièrement restreints, annulés même par de simples besoins fiscaux (1).

par hectolitre; mais il faut que l'on sache la vérité vraie : A l'aide des acquits à caution, il est permis, pour *protéger* (encore de la protection au rebours) la meunerie, de se faire restituer ce droit de 0 fr. 50 lorsqu'on exporte ce blé changé en farine. Lorsqu'il s'agit du même blé, dans le même département, cette mesure peut être juste : mais la douane qui généralement est pour le droit strict, a poussé ici l'interprétation à des limites impossibles (il s'agissait de l'agriculture), il est admis que autant de sacs de blé entrés à Marseille, autant de quantité de farine on peut réexporter à Dunkerque ou à Bâle : comme la France exporte plus de farine qu'elle n'importe de grains, il en résulte que l'hectolitre de grains importé en France ne paye pas un centime de droits.

(1) A Paris, notamment, les restrictions du droit de propriété sont curieuses : Non sen-

L'échange des produits, comme les droits que nous venons d'énumérer, n'a pas échappé non plus aux exceptions et restrictions; remarquons toutefois une différence notable dans l'essence même de la restriction: au lieu de nous trouver en présence seulement de besoins fiscaux, nous avons affaire en outre à la raison d'État. C'est elle, en effet, qui porte déjà atteinte à la liberté de production intérieure, en prohibant la fabrication libre de la poudre, dans un but de sécurité et de défense nationale (la prohibition de la culture du tabac n'étant qu'une mesure fiscale, nous n'en parlerons pas). Cette même raison d'État, dans le but de favoriser la création d'une marine et industrie nationale, dans le but, ces deux sources de richesse une fois créées, de ne pas les laisser tarir; dans le but encore de ne pas laisser une nation déchoir du rang de puissance libre, en lui donnant le pouvoir, à un moment donné, de se suffire à elle-même, sans voir son existence, sa vie, dépendre irrévocablement de la volonté d'une puissance voisine : toutes ces raisons ont fait que l'on a protégé d'abord la naissance, puis bientôt les développements de la production agricole, manufacturière et maritime, par des entraves mises à l'importation étrangère, par des primes payées à l'exportation indigène, double moyen de protection comme de restriction à la liberté des échanges.

Deux vérités étaient donc en présence. En économie politique, il faut aller chercher les produits là où ils sont le meilleur marché, et s'abstenir d'en produire, si le prix de revient est trop élevé; c'est l'intérêt du consommateur. En politique, au contraire, il faut qu'une nation qui ne produirait plus de blé soit toujours assez libre, toujours assez forte pour aller en chercher en tous temps dans les pays de production; autrement, elle n'aurait que deux alternatives : ou de souffrir la famine, ou de courber la tête devant les exigences, les ordres même, d'autant plus impitoyables qu'ils sont indiscutables, de la puissance productrice et surtout entrepositaire, maîtresse de la mer. Sans cette dernière condition (et la France, toute forte qu'elle est, ne peut prétendre à la domination des mers), il faut donc protéger la production nationale; c'est l'intérêt du producteur, se traduisant en sécurité du consommateur.

Jusqu'à ce jour, la puissance productrice de la France était protégée. Est-elle aujourd'hui assez dégagée d'entraves budgétaires, est-elle suffisamment armée, comme outils, comme main-d'œuvre, comme voies de trans-

lement les façades des maisons rentrent à peu près dans le domaine de la voierie, mais l'administration pénètre encore dans l'intérieur, surveille et prescrit la hauteur des murs, l'inclination des toitures, la largeur des entablements, la hauteur des lucarnes, etc... et si quelques travaux d'intérieur sont jugés nécessaires par le propriétaire, il faut qu'il dépose, quinze jours avant l'exécution, plans et devis, les agents viennent alors prescrire, contrairement aux volontés des propriétaires, architectes et entrepreneurs responsables, les travaux qu'ils jugent convenable de faire exécuter, jusqu'au genre de matériaux à employer : Pierre de taille au lieu de brique; fers en place de bois; le Préfet devient alors, comme dans le phalanstère, le seul propriétaire-architecte, non responsable, il est vrai!

port, pour être livrée à la concurrence étrangère? Peut-on, comme un jeune arbre vigoureux, lui enlever ses tuteurs et ne pas couper alentour les branches parasites des hautes tiges, plantées longtemps avant lui, qui l'environnent et peuvent l'étouffer? Si on juge l'instant venu, il faut, avant tout, considérer que c'est une lutte; or, il faut fournir à tous les combattants armes et terrains égaux. Qui dit lutte, dit équilibre des forces. Que se passe-t-il tous les jours sous nos yeux dans les courses de chevaux? Aucun des cavaliers n'a la même corpulence: on a reconnu qu'il était juste d'équilibrer les poids; on a reconnu même que tel cheval plus vigoureux, ou plus âgé, ou plus redoutable, devait être plus chargé; pour que la lutte soit égale, on ajoute des poids: c'est là de la protection dans la liberté de la lutte.

Or, en fait de lutte de production, équilibrer les poids ce serait dégrever les impôts et les frais exigés de cette production; favoriser l'abondance de la main-d'œuvre, en présence de l'impossibilité de la faire descendre au bas prix qui existe dans les pays de productions similaires, comme en Hongrie ou les terres noires de la Russie méridionale; loin de faire payer le droit de circulation plus cher au Français qu'à l'Allemand ou à l'Anglais, développer, au contraire; par la libre concurrence de traction, le réseau des voies fluviales ou ferrées d'exploitation: ce serait, enfin, de n'avoir pas deux poids et deux mesures; ce serait, à la même heure, au même moment, comme lorsqu'il s'agit d'une course, d'ouvrir toutes les barrières, de ne pas stimuler l'un en entravant l'autre; d'oser enfin, en proclamant juste le principe, en accepter franchement toutes les conséquences; de ne plus protéger ni marine, ni manufacturiers, ni agriculteurs. Égalité de droits pour tous; égalité de souffrances, peut-être, mais au moins égalité pour tous: voilà les vraies conditions de la lutte.

Or, faire le contraire, c'est-à-dire:

1° Oter tout droit à l'agriculture, quand on les réserve encore aux autres industries manufacturières, et faire payer à cette agriculture non protégée, les primes de protection des autres producteurs; c'est commettre plus qu'une injustice, c'est attenter à ses moyens d'existence.

2° Oter tout droit protecteur à l'industrie agricole, avant de lui avoir fourni, tout en lui promettant toujours l'exécution des voies ferrées et fluviales, qui au bout de quatre ans ne sont pas encore entreprises (ce qui a fait dire, en plein corps législatif, à un député: « la lettre impériale du « 3 janvier 1860 avait promis le prompt achèvement des voies et canaux; « rien n'est fait; vous avez manqué à votre promesse. ») C'est, selon l'expression populaire, mettre le charrue avant les bœufs, et vouloir ainsi en renversant les moyens, faire un travail utile. Donner voies et moyens, puis ouvrir les barrières, c'est fort bien; ne faire que les promettre, et ne présenter, ces barrières ouvertes, que des fondrières impraticables, c'est vouloir que le chariot s'embourbe; placer le lutteur dans l'arène sans armes, et lui en promettre sans les lui fournir, c'est le sacrifier à l'avance.

Or c'est de ces deux façons que le producteur agricole a été traité; il paie, lui non protégé, les primes de protections des autres industries, et il est livré, sans armes, à la culture étrangère. Et l'on s'étonne après cela de ses souffrances !

Contre une pareille injustice, quel raisonnement apporte-t-on? Le droit du consommateur auquel doit être sacrifié le droit du producteur; or, nous l'avons déjà dit, ces deux droits qu'on veut séparer, sont au contraire intimement solidaires; développer une production nationale, et s'affranchir du tribut de l'étranger, c'est assurer en tout temps et surtout en cas de guerre, une alimentation normale au consommateur; c'est éviter la famine, ou la dépendance honteuse et obligée vis-à-vis d'une nation entrepositaire, deux fléaux à redouter; si, dès lors, le consommateur paie, pendant les années ordinaires, un prix légèrement supérieur à celui qu'il paierait à la production étrangère, en compensation il est certain, en cas de conflit européen, d'avoir son alimentation assurée à un prix normal semblable; en cela à l'assuré qui, payant chaque année sa prime d'assurance, est certain, en cas d'incendie, de retrouver à peu près la valeur de son immeuble.

Mais ce n'est pas seulement dans une crainte aléatoire de famine que les intérêts du consommateur comme du producteur se trouvent confondus; c'est encore dans la vie quotidienne, le producteur n'est-il pas lui-même consommateur. Bien plus, la France, qui a 36 millions d'habitants, en compte 25 millions dans les campagnes et 11 millions seulement dans les villes; et parmi ces 25 millions de producteurs, consommateurs agricoles, 4 millions 500 mille propriétaires fonciers (1), représentant, avec une femme et deux enfants en moyenne, 13 millions 500 mille habitants, (plus de moitié de toute la population agricole de France, supérieure de beaucoup à la totalité de la population urbaine), ne paient pas de contributions, moitié par indigence, moitié par dégrèvement; et c'est en vue unique des 11 millions de consommateurs urbains que l'on sacrifie d'abord les 13 millions de producteurs-consommateurs indigents et les 11 millions de producteurs-consommateurs aisés ! C'est là, on doit l'avouer, un raisonnement fautif, vrai, peut-être lorsqu'il s'agit du fer, mais complétement faux, lorsqu'on est en présence des denrées alimentaires et des céréales.

En principe, nous le répétons, nous sommes partisants du droit de libre-échange; droit naturel de l'humanité, aussi sacré que le droit de propriété (fortement limité lui-même), ou que le droit de respirer l'air qui nous entoure (droit qui se trouve pourtant, dans la pratique, restreint et tarifé par l'impôt des portes et fenêtres). Mais, dans l'application du principe, nous acceptons la restriction, attaquable, si elle n'a, comme pour

(1) Discours du baron de Beauce à la séance du 8 mars 1866, s'appuyant sur les chiffres extraits du rapport de M. Abatucci, garde des sceaux.

l'air respirable, que la raison financière ; respectable au contraire, si sa raison d'être est une raison d'État qui veut que nous ne restions pas tributaires irrémédiables d'un voisin allié aujourd'hui, ennemi peut-être demain. Dans l'application enfin, nous exigeons la justice, l'égalité, et non l'oppression du faible qui ne peut efficacement réclamer, au profit du fort qui sait faire hautement entendre ses doléances. Égalité de droits pour tous ; telle est la formule invariable. Laissons donc, en vertu du principe, pénétrer tous les produits agricoles étrangers, en concurrence avec les nôtres, à la condition expresse que :

1° Notre production ne sera pas étouffée, et ne nous laissera pas tributaires d'un marché étranger pouvant nous manquer à un moment donné.

2° Que l'importation sera libre pour nos engrais comme pour nos outils agricoles.

Mais ici se présente une question grave. Est-il juste d'entretenir nos routes, de tracer nos chemins de fer, de creuser nos canaux, de construire nos ports, de solder notre gendarmerie, sécurité du commerce, de faire, en un mot, toutes ces dépenses soldées en grande partie par des impôts et des droits prélevés sur l'agriculture indigène, et de laisser les produits étrangers venir, sur notre sol, user de toutes ces lourdes dépenses, sans bourse délier, en prononçant cet adage : « Je ne paie rien, « car je suis étranger. » N'est-il pas juste de faire contribuer ces produits à ces dépenses générales dont ils profitent, puisqu'ils viennent chercher notre marché, plus avantageux que le leur ; non plus à titre de droit protecteur, mais à titre de contribution équitable, représentant par hectolitre ce que l'hectolitre de froment français paie à l'État ?

Lorsqu'un marché est construit dans une ville, les denrées des départements voisins ne paient-elles pas les droits tout aussi bien que les denrées de la ville elle-même ; droits destinés à subvenir aux dépenses, et à l'amortissement des frais faits pour cette construction qui attire les vendeurs ? Que dirait-on, si les produits de la ville étaient seuls soumis aux droits, et les produits voisins exemptés ; ne crierait-on pas à l'injustice ? C'est pourtant là ce qui se passe pour les grains étrangers ; nous leur offrons un marché, sans lequel ces productions resteraient à vil prix dans leur pays de production ; nous leurs laissons user nos chemins, routes et canaux. La simple justice veut qu'ils contribuent à leur érection, comme à leur entretien ; tarifons donc, à l'entrée, tout hectolitre de froment à la valeur similaire que l'hectolitre de froment français paie à l'État, en impôt ; or, cet impôt ne peut être estimé à moins de 2 fr. 50 c. par hectolitres, qui jouissant des mêmes bénéfices, doit être astreint aux mêmes charges.

Le blé étranger, répond-on, paie déjà des charges dans son pays de production ; pourquoi lui en imposer de nouvelles ? Ce ne sont d'abord pas des charges de production que nous réclamons, mais bien des charges de circulation, de marché, etc... En second lieu, que l'on compare, si on l'ose, les frais de main-d'œuvre du servage russe avec les frais de notre main-d'œuvre chaque jour enchérie, et chaque jour faisant défaut, grâce à la conscription et aux travaux des villes ; que l'on compare l'état des terres noires de la Hongrie et de la Russie méridionale, aussi bien que des bords du Mississipi d'Amérique où la prise de possession quasi gratuite équivaut à un titre de propriété ; terres n'ayant jamais besoin d'engrais ; avec ces terres siliceuses ou crayeuses d'une partie de la France, ne produisant qu'à force d'engrais ; que l'on compare le travail servile des fellahs d'Égypte, et le monopole commercial du vice-roi, avec notre travail heureusement libre, mais coûteux; et l'on n'osera plus soutenir le droit qu'aurait cette production étrangère, aussi économiquement obtenue, de venir profiter, souvent même absorber les bénéfices d'un marché, sans contribuer à ses charges.

Mais, objecte-t-on en dernier lieu, il faut que l'agriculture soit bien timide pour s'effrayer de l'importation de quelques millions d'hectolitres!

Il peut fort bien arriver, ce qui a été prouvé cette année par les discussions du corps législatif, que le chiffre des importations soit minime, et les souffrances toujours vives. Ce n'est pas, en effet, l'importation réelle qui pèse sur nos prix, c'est bien plus la menace d'importation. Cultivateur, vous avez 100 hectolitres à livrer dans quatre mois; vous en voulez un prix rémunérateur ; 20 francs par exemple, l'acquéreur n'en offre que 15 fr., et répond qu'à ce prix il a offert des blés de la Baltique, et que d'ici là il en fera venir. Qu'a de mieux à faire le cultivateur effrayé, s'il a besoin de vendre, que de céder à ce prix de menace? Qu'on ne dise donc pas que l'expectative des arrivages ne presse pas sur les marchés. N'en est-il pas de même, lorsqu'au mois de mai les grains enchérissent devant la prévision d'une récolte peu abondante qui ne se fera que quatre mois plus tard? C'est donc bien cette expectative qu'on veut nier, et non la minime quantité de quelques millions d'hectolitres amenés réellement, qui avilit les cours; or, dès que ces produits ne pourront venir sur nos marchés qu'en acquittant les charges similaires à celles payées par nos propres productions, la libre concurrence pourra exister et l'égalité sera rétablie.

Répétons-le donc bien haut, pour qu'il n'y ait pas de déception, ni d'illusion. L'importation des produits agricoles doit être libre, comme toute autre importation, lorsque le gouvernement aura donné à l'agriculture les armes nécessaires, qu'elle est loin d'avoir aujourd'hui : cette importation étrangère doit seulement acquitter sur nos marchés les mêmes droits que ces produits nationaux. Mais cette simple réforme ne constitue pas la panacée qui doit guérir radicalement les souffrances de l'agriculture. Les causes de ces souffrances sont multiples, comme nous l'avons indiqué ! Qu'on y songe de part et d'autre et qu'on réclame : là est le véritable remède.

Révision de la législation. — Nous croirions n'avoir pas terminé notre tâche si nous passions sous silence le rôle qui incombe à l'État dans les modifications de législation reconnues indispensables.

Droit hypothécaire. — Les formalités, que nous nous dispensons du reste d'énumérer ici, imposées par la loi pour emprunter de l'argent en présentant un immeuble pour gage, sont longues et coûteuses pour l'emprunteur : les frais de toute sorte, aussi bien que l'absence de titres de partage parfaitement réguliers, les rendent le plus souvent impossible pour les petits propriétaires et cultivateurs. Cette législation a déjà été profondément modifiée, non radicalement toutefois, dans les prêts faits par le crédit foncier : nul inconvénient n'est résulté jusqu'à ce jour pour le prêteur ; pourquoi dès lors la loi n'autorise-t-elle pas, pour tout emprunt quelconque, cette manière de procéder ; facilitant ainsi, rendant même possibles des emprunts indispensables à la culture.

Frais de justice.—Les frais de transcription et ceux de licitation et partage (la plupart du temps de pure forme, car le même avoué est chargé, sous des prête-noms de confrères colicitants, de représenter les différentes têtes des co-partageants) ces frais, disons-nous, viennent inutilement grever, par un luxe de sommations, de significations, de copies de rôles amplifiés, extraits des cahiers de charges et de jugements, des frais qui à eux seuls peuvent absorber un petit héritage. En effet, du rapport de M. Abbatucci, garde des sceaux, il résulte qu'en 1850, 1980 ventes d'immeubles ont été adjugées au-dessous de 500 fr. : elles ont produit une somme de 558,092 fr. et coûté comme frais judiciaires et impôt, une somme de 628,906 fr. ; ce qui donne pour chaque vente 282 fr. de produit et 318 de frais ; soit 112 p. 100 pour toutes les ventes au-dessous de 500 fr., au-dessus de 500 fr. de capital, les frais montent à 100 p. 100 ; au-dessus de 600 ils montent à 70 p. 100 ; enfin jusqu'à 2000 fr. il produisent encore 35 p. 100.

Devant cette effrayante proportion de frais, il faut savoir, toujours d'après le rapport du ministre de la justice, que sur 83,500 ventes judiciaires, il y a 51,366 ventes forcées ! N'est-on pas, dès lors, fondé à dire que dans tout partage de biens modestes, le fisc et les hommes d'affaires absorbent la valeur totale.

Pourquoi dès lors maintenir un état de choses qui sent l'ancienne procédure de procureur, et ne pas, en annulant toutes ces formalités bonnes en théorie, inutiles en pratique, maintenir simplement à l'officier ministériel des émoluments proportionnels à l'importance du partage, et arrêter ce déluge de papier timbré ?

Ajoutons encore un point important. La loi, suivant les principes tout dogmatiques de 1792, a voulu que tout procès peu important fût précédé d'un préliminaire de conciliation devant un juge paternel, nommé pour ce fait *juge de paix* ; père de famille, comme son nom l'indique, devant rester en dehors de toute ingérence gouvernementale, sans parti pris, ni passion, rétablissant la concorde, autant que faire se peut, parmi les concitoyens.

Ces attributions, depuis quelques années, sont profondément modifiées ; de juge, il est descendu à être contrôleur des listes électorales, et agent puissant d'élections ; le juge paternel est souvent mêlé aux fonctions de commissaire de police. Y a-t-il là les données nécessaires pour une paternelle conciliation ? Outre qu'il y a là en théorie une confusion regrettable et illégale des pouvoirs exécutifs et judiciaires, formellement séparés par toutes nos constitutions, comme résultats, dans la pratique ; ces préliminaires de conciliation ne sont plus aujourdhui que de pure forme, coûteux comme procédure et déplacement lointain. Il y a donc deux alternatives ; ou rétablir le caractère paternel de cette belle institution judiciaire, rayer du code la nécessité inutile aujourd'hui du préliminaire de conciliation. Nous ne pouvons cacher que nous sommes pour la première alternative.

Crédit agricole. — Malgré toutes les lois, règlements et décrets, malgré entre autres, la constitution du Crédit foncier qui devait tout faire pour l'agriculture, et qui n'a rien fait, puisque de rural il est devenu urbain et surtout parisien, servant à créer beaucoup de boulevards, mais peu de drainages, ayant avancé, depuis 13 ans, pour les travaux de Paris, 450 millions ; pour les travaux des autres villes, 150 millions, et pour l'agriculture française 50 millions seulement, soit 4 millions par année ; ne prêtant, entre autres, pour favoriser le drainage en 1865 que la somme illusoire de 27,000 fr. pour toute la France ; malgré la constitution du crédit agricole, qui s'occupe comme emprunteur en plaçant dans les campagnes des emprunts étrangers (1), qui le font vivre, plutôt que comme prêteur efficace pour les améliorations agricoles ; mettant même à ses prêts la condition d'un taux énorme de 8 et même 10 p. 100. Malgré toutes ces institutions, on le comprendra facilement, le crédit agricole est encore à fonder. Que l'on demande donc énergiquement de tous côtés un crédit agricole efficace et un code rural depuis de longues années à l'étude, et qui, semblable aux aliments de Tantale, fuit devant nous, à mesure que nous avançons.

Que l'on demande surtout l'abstention de l'État et de l'ingérence de ses agents, tels que receveurs des finances dans le placement des valeurs étrangères de pure spéculation, ne présentant aucun placement certain ; agents fiscaux, comme on l'a dit spirituellement, ne faisant de l'agriculture qu'en drainant toute l'épargne de nos campagnes, sous l'appât grossier et immoral de la loterie pour l'employer dans le gouffre des travaux improductifs des villes (comme les obligations du crédit foncier), ou même pour l'envoyer le plus souvent se perdre à l'étranger (emprunt Autrichien, emprunt Ottoman, emprunt Mexicain, emprunt Italien). De ce chef seul, plus de 8 milliards on été enlevés. La perte sèche est estimée aujourd'hui

(1) « Ceux de nos clients qui n'auraient pas d'argent disponible à prêter à *l'Autriche*, » peuvent nous envoyer un chèque sur leur compte du *crédit agricole*, où un simple vire- » ment leur épargnerait toute espèce de dérangement. (Prospectus du crédit agricole, lu » dans la séance du Corps législatif du 9 mars 1866.)

à plus de 3 milliards ; les détenteurs de fonds Mexicains et Italiens doivent aujourd'hui le savoir mieux que personne. Ne serait-il donc pas temps d'arrêter cette fièvre; de proscrire l'appât des lots de 100,000 francs, voire même de 500,000 fr. de laisser enfin l'argent à nos campagnes, pour y constituer un crédit agricole utile? Que Paris devienne, avec l'encouragement de l'État, le marché libre de tous les emprunts du monde, nous le voulons bien, au nom de la liberté surtout ; mais que l'État transforme ses agents en racoleurs de loteries, qu'il étaie de ses sollicitations, de sa coopération, et de ses encouragements, la sortie, voire même la perte de notre épargne agricole, c'est là un point que nous ne comprendrons jamais, et que nous espérons voir bientôt modifié. Que nos épargnes agricoles restent aux champs qui les produisent ; que la loterie immorale disparaisse, que les gros intérêts de 8 et 10 p. 100 ne soient plus patronés pour des placements qui n'ont pas même le triste privilége d'être douteux, que la société, sous la pression de l'État ne soit pas changée en un peuple d'agioteurs, mais redevienne un peuple producteur, et alors l'agriculteur trouvera chez son voisin, et surtout, comme nous l'avons demandé en commençant, chez le propriétaire du fond, toutes les sommes nécessaires à l'extension et au perfectionnement que la culture agricole peut et doit exiger. Conservons donc les capitaux à nos campagnes ; et, loin de recourir à un système aspirant, c'est, au contraire, par un système refoulant qu'on doit procurer cet argent si désiré (1).

Garantie du propriétaire. — Avant de terminer la révision de législation qui peut paraître nécessaire, nous ne pouvons passer sous silence la réforme demandée par la culture concernant le privilége du propriétaire

(1) Dans les emprunts, les différents pays sont représentés par les sommes suivantes :

Italie	2,521,354,160
Autriche	1,922,022,145
Espagne	1,215,896,050
Russie	1,078,470,000
Turquie	492,797,500
Allemagne	265,109,750
Mexique	200,921,000
Suisse	164,550,000
Belgique	122,445,000
Tunis	64,780,460
Portugal	59,000,000
Madagascar	50,000,000
Angleterre	42,500,000
Egypte	30,000,000
Pays-Bas	21,000,000
Californie	5,200,000
Serbie-Valachie	2,500,000
	8,264,545,765

(*Lloyd universel*, nº du 27 janvier 1866.)

sur les récoltes et objets agricoles (art. 520, 521, 522, 524 et 2102 du Code civil).

Le cultivateur, dit-on, doit pouvoir emprunter de l'argent ; or, pour tout emprunt la garantie la plus naturelle qu'il puisse fournir réside dans les récoltes et bestiaux : s'il se trouve déjà grevé d'une première garantie, comment veut-on que le cultivateur trouve du crédit ?

Cette réclamation a du vrai, mais elle a aussi des côtés peu justifiés. En effet, le code a été trop loin lorsqu'il a considéré la récolte sur pied, ou les bois, semés et plantés par le cultivateur, comme la propriété du bailleur. Il y a donc là une modification à réclamer.

Quant aux animaux et ustensiles appartenant dans un cheptel au propriétaire et placés par lui dans l'exploitation, nous ne pouvons comprendre que ces objets cessent d'être sa propriété parce que le cultivateur en a la jouissance, et qu'ils puissent devenir l'objet d'une garantie fournie par celui qui n'en est pas propriétaire.

Quant à la garantie imposée sur les récoltes et meubles pour les années de loyer, cette première garantie empêche de fournir de nouveau ces mêmes récoltes, dans le cas d'un emprunt à contracter ; mais comment, en pratique, éviter cette malheureuse conséquence ? Admettons, un moment, l'abrogation de cette règle : le cultivateur pourra emprunter sur ses récoltes, sur ses bestiaux, sur son outillage ; mais, au moment de signer le bail qui doit lier l'un à l'autre, pour dix-huit ans, cultivateur et propriétaire, est-on bien certain que le contrat sera signé si le cultivateur n'offre en garantie que son intelligence et son activité, en réservant à d'autres les produits de cette intelligence et de cette activité même ? Est-on bien certain, alors, que le propriétaire, à la place de cette garantie donnée sur les produits annuels, ne demandera pas un gage hypothécaire plus solide, exigeant un immeuble important, qui, la plupart du temps, peut faire défaut. Dès lors, une exploitation agricole dans de telles conditions de contrat ne serait plus possible que pour des propriétaires importants : la mesure qu'on se figure libérale en théorie, se retournerait en pratique contre l'agriculteur modeste qui verrait sa carrière, dès le principe, fermée à de simples moyens pécuniaires.

Ne pourrait-on pas autoriser tout cultivateur à déposer ses produits (ce qui a déjà lieu pour le sucre de la raffinerie) dans une pièce spéciale destinée aux grains qui, passé une certaine quantité de garantie locative constatée, pourraient être laissés en gage pour tout emprunt subséquent ; pièce même qui pourrait, à la mode arabe, être avantageusement remplacée, comme cela a déjà été essayé à la colonie agricole de Mettray, par des silos en maçonnerie fermés, contenant chacun une quantité de grains jaugée et limitée : la remise de la clé entre les mains du prêteur est alors un gage assuré, au point de vue de la garantie comme de la conservation.

Mais, nous le répétons, ces questions sont encore peu étudiées au point de vue pratique, le seul auquel nous nous plaçons en toute circonstance : et dans l'intérêt même du cultivateur, il faudrait toucher à cette garantie locative, source souvent unique d'un établissement agricole, avec les plus grandes précautions.

Nous avons recherché, comme nous l'avons fait pour le propriétaire, pour le cultivateur et pour la municipalité elle-même, la part qui incombait à l'État dans les souffrances actuelles de l'agriculture. Nous nous sommes tout d'abord trouvés en présence de la plus importante des causes de ces souffrances, comme de la plus délicate à corriger; des impôts, en un mot, aussi indispensables à payer par l'assuré, le contribuable, qu'à dépenser par le gouvernement.

Parmi ces impôts, nous avons signalé les *droits de mutation*, qu'il est urgent de diminuer comme assiette, de modifier comme estimation arbitraire, et surtout comme confusion injuste du passif avec l'actif; *l'impôt foncier*, *les centimes départementaux*, *les centimes communaux*, *les prestations en nature*, prélevant sur le domaine agricole plus du quart du revenu brut, tandis que sur les immeubles des villes, l'impôt ne prélève qu'un quinzième environ dudit revenu, il faudrait donc procéder à une révision plus équitable de cette assiette et chercher à restreindre les dépenses improductives, ce qui permettrait de diminuer le poids de ces impôts directs. Passant aux impôts indirects, nous avons signalé comme écrasants ces impôts *des boissons* et *du sucre*. Ce dernier surtout, empêchant le développement de la culture intensive des betteraves; les tarifs fiscaux sur *le sel*, comme les *tarifs douaniers* sur les plus indispensables agents de la culture, engrais et instruments aratoires. Quand les besoins du Trésor rendent bien difficile la suppression, ou même la diminution des droits sur les boissons et sur le sucre, vu l'immense importance qu'ils ont dans le budget, il n'en est pas de même du tarif douanier agricole dont l'importance financière est secondaire, et qu'il faudrait, de toute justice, abolir. Passant en revue enfin les causes d'aggravation de charges, en dehors des impôts, nous avons rencontré tout d'abord l'état défectueux des *routes impériales ou départementales*, arrivées, faute de rechargements réguliers, à l'extrême limite d'épaisseur, rendant toute traction impossible ou onéreuse; l'état incomplet et vicieux de la *canalisation*, comme des *voies ferrées*, et pour ces dernières l'existence des *tarifs différentiels*, placent l'agriculteur français dans un état d'infériorité regrettable vis à vis des producteurs étrangers; le *contingent militaire* exagéré, et l'*exonération*, qui n'en est que le corollaire obligé, venant chaque année enlever aux campagnes, sans aucun profit, toutes les forces vives, comme bras et capitaux, qu'il serait si utile et si facile de maintenir au milieu des cultures; la vente est le *défrichement des vastes forêts* domaniales changeant l'état climatérique et hydrographique de notre sol, au détriment de l'agriculture; les *entraves administratives*, enfin, venant par un surcroît de centralisation, rendre le plus souvent impossibles les tentatives partielles de dessèchement ou d'irrigation.

Arrivant enfin à la préoccupation du moment, aux idées théoriques et pratiques de la *liberté des échanges*, nous avons démontré qu'en théorie rien n'était plus juste, mais qu'en pratique, il n'y avait pas de règle qui ne souffrît d'exception; et qu'ici, l'exception, c'est-à-dire la protection, naissait de la raison d'État elle-même. Or, dans le système bâtard inauguré depuis quatre ans sous le nom de libre-échange, toute industrie se trouve encore protégée; seule, l'agriculture fait exception; elle se trouve livrée sans armes à la concurrence étrangère; l'agriculture française, qui représente, en cela, l'intérêt confondu du producteur aussi bien que du consommateur, croit que la production des céréales doit rester une production nationale; que cette production doit admettre la libre concurrence des céréales étrangères, à la condition que ces céréales viendront payer, sur notre marché, les primes que nos propres céréales paient, chaque année, à l'État, comme viabilité et sécurité; égalité de droit, comme égalité de charge; telle est la vérité qu'on doit proclamer, même lorsqu'il s'agit de l'étranger.

Nous avons, enfin, terminé nos observations par les modifications que le temps, comme le progrès rendent nécessaires dans la *législation*, il s'agit d'abord du *droit hypothécaire* rendant tout emprunt impossible pour la petite et même la moyenne propriété; puis des *frais de justice* absorbant annuellement une partie de la valeur des biens mis en vente; puis du caractère du *juge de paix* modifié à tel point qu'il existe une confusion illégale du pouvoir exécutif et judiciaire. Une révision d'attribution devient donc nécessaire. Nous avons appelé, de nos vœux, la promulgation d'un *code rural* toujours promis et toujours invisible; puis, surtout, la création d'un *crédit agricole* sérieux et efficace s'occupant non des embellissements des villes ou du placement des emprunts étrangers, mais des véritables travaux des campagnes; laissant loin de lui l'appât des loteries, et des gros lots, patronnés par les fonctionnaires publics; ne s'occupant au contraire que de la vivification moins fiévreuse, mais plus utile, de la culture nationale.

Nous avons parlé enfin de la modification réclamée contre la *garantie locative*; l'admettant en principe, mais nous tenant en garde contre des tendances qui n'ont pas encore pour elles l'expérience, et qui pourraient donner dans l'application, si elles sont poussées trop loin, des résultats tout opposés à ceux qu'on attend, à savoir la nécessité de garanties hypothécaires, au moment de la signature du contrat.

On le voit, la part de l'État dans les souffrances actuelles n'est que trop étendue, et trop palpable. Si l'on a la bonne foi d'en convenir franchement et de ne pas fermer les yeux pour ne pas voir, ce sera un énorme pas de fait; le diagnostic découvert, le remède est bien vite trouvé, et la maladie guérie; le remède est ici bien simple pour le plus grand nombre des cas; révision sage de la législation, équité placée en tête de la liberté des échanges, entraves administratives simplifiées, déboisement arrêté, fièvre militaire calmée, viabilité de toute espèce entretenue et parfaite, travaux somptuaires des villes restreints dans de sages limites; y a-t-il donc là de bien grandes difficultés d'exécution? Quant aux impôts, la partie la plus délicate du sujet, une meilleure assiette peut leur être donnée, des inégalités ou injustices peuvent disparaître facilement, si l'on n'a pas le pouvoir, nous voulons dire le courage, à l'exemple de l'Angleterre, de restreindre nos dépenses, d'amortir notre dette, sans l'augmenter par de nouveaux emprunts; de restreindre enfin, par ces moyens (assez difficiles, nous le reconnaissons, dans l'exécution, exigeant chez un ministre des finances une ténacité, un courage civil, et une âme cent fois mieux trempée que l'âme du militaire le plus énergique), la part contributive que chaque citoyen, et surtout chaque agriculteur verse annuellement à ses mandataires, comme équivalant de la viabilité, de la sécurité et des droits qui lui sont dus.

L'enquête est ouverte sur cet important sujet: L'abstration n'est plus permise, en présence surtout de la tendance hautement avouée, depuis quelque temps, de nier en partie des souffrances incontestables. Qu'on ne se laisse pas surtout intimider par le caractère d'hostilité qu'on pourrait attribuer, à l'exemple de M. le préfet de l'Indre, à toute recherche consciencieuse de la vérité. Une récolte peu abondante peut, en relevant les prix, masquer momentanément le point de vue par lequel s'accuse matériellement à tous les yeux cet état de souffrances, le bas prix des céréales; des discours officiels peuvent, sous une éloquence dorée, endormir l'attention publique qui ne se trouve déjà que trop somnolente par elle-même; mais, qu'on ne s'y trompe pas, les causes sérieuses du mal n'auront pas disparu pour cela; elles se retrouveront dans un an, dans deux ans, plus vives, plus insupportables que jamais. Ne nous endormons donc pas dans une trompeuse et paresseuse sécurité. Réclamons l'enquête promise, réclamons-la sérieuse et ouverte à tous les réclamants, petits ou grands, et répétons ce mot énergique de nos discussions parlementairee: « *Chaque Français doit courir à l'enquête agricole, comme on court au feu.* »

TABLE DES MATIÈRES

CHAPITRE PREMIER.

PROPRIÉTAIRE.

CHAPITRE II.

AGRICULTEURS.

CHAPITRE III.

MUNICIPALITÉS.

CHAPITRE IV.

ÉTAT.

LAGNY. — Imprimerie de A. VARIGAULT.

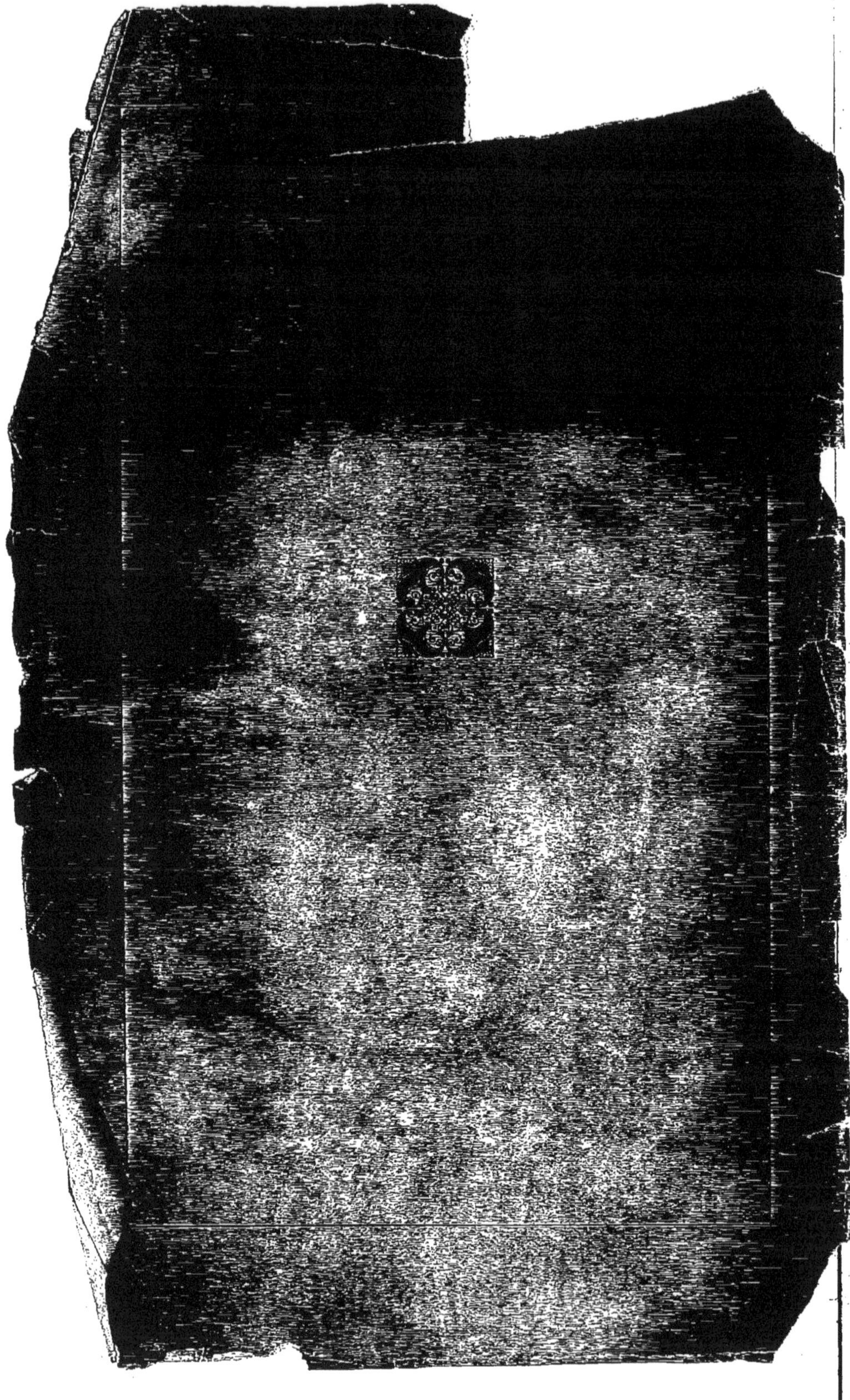

www.ingramcontent.com/pod-product-compliance
Ingram Content Group UK Ltd.
Pitfield, Milton Keynes, MK11 3LW, UK
UKHW020211200726
13856UKWH00004B/1326

9 782011 909992